经济管理学术文库·管理类

工作—家庭支持氛围影响机制的实证研究

An Empirical Research on the Influencing Mechanism of Work–family Support Climate

刘崇瑞 / 著

图书在版编目（CIP）数据

工作—家庭支持氛围影响机制的实证研究 / 刘崇瑞著. —北京：经济管理出版社，2019.12
ISBN 978-7-5096-6949-5

Ⅰ.①工… Ⅱ.①刘… Ⅲ.①压抑（心理学）—研究 ②职业—应用心理学—研究 Ⅳ.①B842.6②C913.2

中国版本图书馆CIP数据核字（2019）第287817号

组稿编辑：杨　雪
责任编辑：杨　雪　亢文琴
责任印制：黄章平
责任校对：张晓燕

出版发行：经济管理出版社
（北京市海淀区北蜂窝8号中雅大厦A座11层　100038）
网　　址：www.E-mp.com.cn
电　　话：（010）51915602
印　　刷：北京晨旭印刷厂
经　　销：新华书店
开　　本：720mm×1000mm/16
印　　张：10.75
字　　数：155千字
版　　次：2019年12月第1版　2019年12月第1次印刷
书　　号：ISBN 978-7-5096-6949-5
定　　价：49.00元

·版权所有　翻印必究·
凡购本社图书，如有印装错误，由本社读者服务部负责调换。
联系地址：北京阜外月坛北小街2号
电　　话：（010）68022974　　邮编：100836

前　言

随着生活节奏日益加快，员工面临的各方面压力也不断加大，负面态度与负面情绪难免出现。作为现代员工的典型负面态度与负面情绪，离职倾向与心理抑郁对员工和组织的消极影响日益显著，如何降低员工的离职倾向与心理抑郁成为组织的两个重要议题。尤其在双职工家庭已成常态的现实背景下，工作与家庭之间的关系成为影响员工态度与情绪的关键因素。组织如何采取相应的支持以帮助员工实现工作与家庭之间的平衡，避免员工因工作与家庭间关系的不和谐甚至冲突而产生离职或心理抑郁等负面影响？正是在这一现实问题的驱动下，本书借鉴一般组织理论的分析方法，实证研究了我国组织的工作—家庭支持氛围如何降低员工的离职倾向与心理抑郁，探讨了组织如何设计恰当的家庭支持政策、营造有效的家庭支持氛围，以降低员工的离职倾向和心理抑郁。

本书提出，工作—家庭支持氛围表现了组织对员工家庭的支持和关心，它会促进员工工作和家庭之间的正向增益，这无形之中加强了员工与组织之间的心理契约，从而降低员工的离职倾向和心理抑郁。此外，现实中总会存在一些情境因素对这个过程产生影响。因此，在文献综述的基础上，本书探讨了组织的工作—家庭支持氛围对员工的离职倾向和心理抑郁的内在影响机制，并探究员工的工作—家庭侵入对这一影响机制的情境化影响。

本书的概念模型指出，心理契约违背在工作—家庭支持氛围对离职倾向和心理抑郁影响过程中起中介作用、工作—家庭增益在工作—家庭支持氛围对心理契约违背影响过程中起中介作用，及工作—家庭侵入对工作—家庭支持氛围与工作—家庭增益之间关系、工作—家庭增益与心理契约违背之间关系起调节作用。通过以688名员工为样本进行实证检验，本书的概念模型得到了调研数据的支持，研究结论也基本解决了本书提出的现实问题，为现代组织管理提供了一定的实践指导和启示。此外，本书对一些理论观点进行了经验验证，提出了一些新的观点和看法，实现了对现有理论深入和拓展的目标，总体上达到了预期的研究目的。

概括起来，本书得出了以下研究结论，它们同时也构成了本书的创新点：

第一，本书从工作—家庭积极关系的视角探索员工离职倾向和心理抑郁的影响因素。以往国内外研究多从工作—家庭消极关系的角度，探索工作—家庭关系对员工离职倾向和心理抑郁的影响，工作—家庭积极关系的相关研究较少。本书以工作—家庭支持氛围为研究变量，探索工作—家庭积极关系对员工结果的影响，这一研究丰富了工作—家庭积极关系的相关理论。

第二，本书以心理契约违背为中介变量，构建了工作—家庭支持氛围影响员工结果的作用路径。工作—家庭支持氛围影响员工结果的相关研究较少，更少有研究探索其中的作用机制。本书基于心理契约的视角，从心理契约违背的角度深入探索工作—家庭支持氛围对员工离职倾向和心理抑郁的影响机制，为工作—家庭积极关系对员工结果的影响机制研究提供了新的视角。

第三，本书以工作—家庭增益为中介变量，解释了工作—家庭支持氛围影响员工心理契约违背的过程机制。以往研究发现，组织相关支持对员工心理契约的构建和维护具有重要影响，但是对其内在的影响机制研究不足。已有研究发现，工作—家庭增益可以起到组织支持与个体相关结果之间关系的桥梁作用。本书发现，工作—家庭增益在工作—家庭支持氛围和心理契约违背之间起到中介作用，这一发现丰富了组织相关支持影响员工结果的过程机制研究。

第四，本书将工作—家庭侵入这个新构念引入到中国情境，发现工作—家庭侵入对工作—家庭支持氛围与工作—家庭增益之间的关系、工作—家庭增益与心理契约违背之间的关系具有调节作用。本书在中国情境下实证检验了工作—家庭侵入的调节作用,扩展了工作—家庭侵入的适用性,也为工作—家庭关系的相关研究提供了新情境因素。

刘崇瑞
2019 年 6 月

目 录

第一章 绪 论 ... 1

第一节 研究背景 ... 1
一、现实背景 ... 1
二、理论背景 ... 3

第二节 研究意义 ... 4
一、理论意义 ... 4
二、现实意义 ... 5

第三节 研究方法 ... 7
一、文献研究法 ... 7
二、实证研究法 ... 7

第四节 研究思路及结构安排 ... 8
一、研究思路 ... 8
二、结构安排 ... 9

第五节 研究创新与研究不足 ... 10
一、研究创新 ... 10
二、研究不足 ... 11

第二章 文献综述 ... 13

第一节 社会交换理论 ... 13
一、社会交换理论的基本内容 ... 13
二、员工与组织关系视角下的社会交换理论 ... 14

第二节 工作—家庭关系的理论基础 ... 14

一、工作—家庭分割、溢出及补偿理论 ………………………………… 16
　　二、工作—家庭边界理论 ……………………………………………… 18
　　三、工作—家庭角色理论 ……………………………………………… 21
第三节　工作—家庭支持氛围的相关研究 ……………………………………… 26
　　一、工作—家庭支持氛围的概念 ……………………………………… 26
　　二、工作—家庭支持氛围的结果变量 ………………………………… 28
　　三、工作—家庭支持氛围的研究述评 ………………………………… 30
第四节　工作—家庭增益的相关研究 …………………………………………… 30
　　一、工作—家庭增益的概念 …………………………………………… 30
　　二、工作—家庭增益的维度 …………………………………………… 31
　　三、工作—家庭增益的发生机制 ……………………………………… 32
　　四、工作—家庭增益的相关实证研究 ………………………………… 35
　　五、工作—家庭增益与工作—家庭支持氛围的关系研究 …………… 37
　　六、工作—家庭增益的研究述评 ……………………………………… 38
第五节　工作—家庭侵入的相关研究 …………………………………………… 40
　　一、工作—家庭侵入的概念与维度 …………………………………… 40
　　二、工作—家庭侵入的相关实证研究 ………………………………… 41
　　三、工作—家庭侵入的研究述评 ……………………………………… 43
第六节　心理契约的相关研究 …………………………………………………… 43
　　一、心理契约的概念 …………………………………………………… 43
　　二、心理契约的内容和维度 …………………………………………… 46
　　三、心理契约的特点 …………………………………………………… 47
　　四、心理契约的动态形成过程 ………………………………………… 48
　　五、心理契约违背的概念和形成机制 ………………………………… 50
　　六、心理契约违背的相关实证研究 …………………………………… 52
　　七、心理契约违背的研究述评 ………………………………………… 56
第七节　离职倾向的相关研究 …………………………………………………… 57
　　一、离职倾向的影响因素研究 ………………………………………… 57
　　二、工作—家庭支持氛围与员工离职倾向的相关关系研究 ………… 59
　　三、心理契约违背与员工离职倾向的相关关系研究 ………………… 59

第八节 心理抑郁的相关研究 ······················· 60
　一、心理抑郁概述 ···························· 60
　二、心理抑郁的影响因素研究 ····················· 60
　三、心理契约违背与心理抑郁的相关关系研究 ············ 61
第九节 对以往研究的述评 ······················· 61

第三章 理论模型与研究假设 ························ 64

第一节 理论模型构建 ························· 64
　一、模型的理论基础 ·························· 64
　二、模型的推演和形成 ························ 64
第二节 研究假设 ··························· 67
　一、工作—家庭支持氛围对离职倾向和心理抑郁的主效应 ······· 67
　二、心理契约违背在工作—家庭支持氛围与离职倾向和心理抑郁
　　　之间的中介作用 ························ 69
　三、工作—家庭增益在工作—家庭支持氛围与心理契约违背之间的
　　　中介作用 ·························· 71
　四、工作—家庭侵入对工作—家庭支持氛围与工作—家庭增益
　　　之间关系的调节作用 ······················ 75
　五、工作—家庭侵入对工作—家庭增益与心理契约违背之间关系的
　　　调节作用 ·························· 77

第四章 研究设计 ····························· 79

第一节 变量的操作性定义与测量 ···················· 79
　一、变量的操作性定义 ························ 79
　二、变量的测量工具 ·························· 82
　三、控制变量 ···························· 84
第二节 问卷设计 ··························· 84
　一、问卷的主要内容 ·························· 84
　二、问卷设计的过程 ·························· 85
第三节 问卷调查与样本特征 ······················ 85

一、调查问卷 ………………………………………………………… 85
二、样本获取与样本特征 ………………………………………… 86

第五章 数据分析与结果 ………………………………………… 88

第一节 研究变量的描述性统计 …………………………………… 88
第二节 量表的信度和效度分析 …………………………………… 88
    一、信度分析 ………………………………………………… 88
    二、效度分析 ………………………………………………… 89
第三节 相关性分析 …………………………………………………… 94
第四节 假设检验 ……………………………………………………… 96
    一、工作—家庭支持氛围对离职倾向和心理抑郁的主效应检验 …… 96
    二、心理契约违背在工作—家庭支持氛围与离职倾向和心理抑郁
        之间的中介效应检验 ………………………………………… 98
    三、工作—家庭增益在工作—家庭支持氛围与心理契约违背之间的
        中介作用检验 ………………………………………………… 102
    四、工作—家庭侵入对工作—家庭支持氛围与工作—家庭增益之间
        关系的调节作用检验 ………………………………………… 106
    五、工作—家庭侵入对工作—家庭增益与心理契约违背之间关系的
        调节作用检验 ………………………………………………… 110
    六、本书模型的整体检验 …………………………………… 113

第六章 研究结论与展望 ………………………………………… 116

第一节 研究结论与讨论 ……………………………………………… 116
    一、工作—家庭支持氛围对离职倾向和心理抑郁的主效应 ……… 118
    二、心理契约违背在工作—家庭支持氛围与离职倾向和心理抑郁
        之间的中介作用 ……………………………………………… 119
    三、工作—家庭增益在工作—家庭支持氛围与心理契约违背之间的
        中介作用 ……………………………………………………… 120
    四、工作—家庭侵入对工作—家庭支持氛围与工作—家庭增益之间
        关系的调节作用 ……………………………………………… 122

五、工作—家庭侵入对工作—家庭增益与心理契约违背之间关系的

    调节作用 …………………………………………………… 123

 第二节 研究结论的实践启示 …………………………………… 124

 第三节 研究展望 ………………………………………………… 127

参考文献 ………………………………………………………………… 129

附 录 调查问卷 …………………………………………………… 157

第一章 绪 论

第一节 研究背景

一、现实背景

改革开放以来,我国经济飞速发展,成绩斐然。据中国行业网报道,2013年我国GDP总量达到了56.9万亿元,比1978年的GDP总量(3645亿元)增长了156倍,经济总量跃居世界第二。

然而,在经济建设取得傲人成绩的同时,我国企业员工的离职问题却不容乐观。据国内最大的人力资源服务商前程无忧(NASDAQ:JOBS)发布的《2014离职与调薪调研报告》称,2013年员工整体的离职率平均为16.3%。尤其是沸沸扬扬的"创维人才集体跳槽事件",更使得员工的离职问题成为实践界和学术界共同关注和思考的问题。员工的离职一直是企业难以承受之痛,因为员工的离职意味着频繁的离职手续办理和再招聘的循环过程,而这个过程无疑增加了企业的交易成本和重复损失。Staff(2000)在《今日哈佛管理》中预测,失去一个好员工的费用损失是这个员工工资的两倍之多。然而,除了这些外显损失,组织还面临着隐性的损失。隐性损失包括因为员工辞职带来的士气涣散、隐性怠工导致的生产率降低,乃至由此产生的企业声誉损失、组织商业机密的外泄,甚至商业机会的丧失等无形成本。尤其随着我国陆续出台一系列法规政策清除劳动力流动的政策屏障并完善就业保障措施,员工的离职成本进一步降低,员工进行职业选择的安全性和自由度都有较大幅度提高。因此,员工的离职问题越来越受到组织实践者和研究者的广泛重视。

除了员工的离职问题，员工的心理健康问题也日益成为组织实践者和学者广泛关注的话题。据《中国员工心理健康》调查显示，25.04%的被调查者存在一定程度的心理健康问题。北京易普斯咨询公司调查发现，我国员工的心理健康问题主要表现在三个层面，其中第一层面的抑郁倾向占2%~3%，这是职场中最常见的职业心理问题，比第二层面的职业枯竭、第三层面的职业压力造成的结果要严重得多。2012年10月9日，世界卫生组织统计数据显示，全球超过3.5亿人罹患抑郁症，并预测到2020年，抑郁症将仅次于心脏病，位居全球疾病排行榜的第二位。美国Science杂志也就员工的抑郁问题发表看法称，抑郁成为影响人类身心健康的重要因素。"富士康十三跳事件""华为员工自残自杀事件"等社会现象直接折射出员工的心理抑郁不仅对当事者的情感、身心造成严重伤害和扭曲，而且还对社会大众的心理与行为造成恶劣影响甚至负面诱导。Lerner等（2004）研究发现，抑郁症是工作场所最常见的心理疾病，每年给企业带来的损失高达440亿美元。心理抑郁越来越成为热门话题，这种现象提示我们，为保证企业高效运行，减少企业隐性损失，有必要找出工作场所中导致员工心理抑郁的诱导因素，并采取相应措施加以预防。

Kossek和Lambert（2005）指出，工作和家庭之间的平衡是当今员工面临的最严峻的考验。经济全球化背景下企业竞争日益激烈，企业对员工的工作要求也逐渐提高，由于员工的时间和精力有限，员工工作—家庭问题日益严重。当员工难以处理好工作—家庭关系时，员工极易产生离职倾向。全球最大的人力资源管理咨询公司美世2011年发布报告称，全球员工对企业的忠诚度普遍下滑，导致员工"跳槽"的第二个重要因素是工作与生活难以平衡。据《2010年度人力资源状况调查报告》显示，个人家庭问题、薪资待遇低、职业发展空间受限成为员工离职的三大主要原因，其中因"个人家庭问题"导致的离职占46.7%。现实中因工作—家庭问题而离职的事件也不胜枚举。例如：腾讯公司高级执行副总裁（SEVP）李海翔因家庭原因提出离职；微软公司大中华区首席执行官梁念坚因事业与家庭难以平衡而离开微软。同样地，工作—家庭关系对员工心理健康的影响也不容忽视。据《科学日报》报道，与伴侣和年幼孩子一起生活、较少的工作—家庭冲突、能够获得工作场所外社会支持的员工具有较少的心理抑郁。由此可见，工作—家庭关系日益成为影响员工离职倾向和心理抑郁的重要因素，帮助员工处理好工作—家庭关系，减少因工作—家庭问题导致的离职和心理抑郁，成为当今企业亟须关注和追求的目标。

综上所述，员工离职和心理抑郁成为困扰企业的重要问题，工作—家庭关系对员工离职和心理抑郁的影响日益显著，探索工作—家庭关系对员工离职倾向和心理抑郁的影响具有迫切的现实需求。

二、理论背景

总结已有的文献，一些研究对员工的离职倾向和心理抑郁问题给予了重视，也有一些学者对这两个消极反应进行了研究（Thompson et al., 1999；Wayne et al., 2006）。然而，到目前为止，相关文献仍然存在一定的研究差距。首先，作为负面态度和负面情绪的典型代表，现有文献对离职倾向的相关研究远远多于心理抑郁的相关研究，少有研究从工作—家庭关系的角度探索工作—家庭关系对两者的影响，对其内在影响机制的探索更是少之又少。比如，有的学者从工作—家庭增益的角度探索了如何降低员工的离职倾向，有的学者从心理契约的角度探索如何降低员工的负面情绪和离职倾向，但在同一个研究中同时考虑工作—家庭关系和心理契约两个方面的因素并不多见。这种只从一个侧面进行的研究是不够深入的，其实际上没有深入地探索工作—家庭关系对离职倾向和心理抑郁的深层次影响。其次，尽管一些学者承认工作—家庭关系对离职倾向和心理抑郁的影响可能会受到一些情境变量的影响，但很少有研究探索可能存在的情境变量。因此，无论从理论框架上还是从经验研究的角度来看，我们对工作—家庭关系影响员工的离职倾向和心理抑郁的内在作用机制知之甚少。这些研究差距的存在要求我们既要深入探索工作—家庭关系的内在作用机制，又要发掘对该作用机制可能存在影响的情境化因素，而这为本书的研究提供了机会。

正是在上述研究差距的驱动下，本书将从工作、家庭、个体、组织之间多重角色互动角度解释员工的离职倾向和心理抑郁问题，弥补以往模型基于组织视角缺少家庭、工作、个体相互关系考量的不足。因此，本书尝试同时从工作—家庭增益和心理契约的角度深入探索组织的工作—家庭支持氛围对离职倾向和心理抑郁的内在影响机制，并探究员工的工作—家庭侵入对这一影响机制的情境化影响。具体而言，探索心理契约违背在工作—家庭支持氛围对离职倾向和心理抑郁影响过程中的中介作用、工作—家庭增益在工作—家庭支持氛围对心理契约违背影响过程中的中介作用，以及工作—家庭侵入对"工作—家庭支持氛围—工作—家庭增益"和"工作—家庭增益—心理契约违背"两条路径的调节作用，以期对工作—家庭支持氛围影响员工的离职倾向和心理抑郁的内在机制作深入了解，力图为组织的人力资源管理实践提供理论指导。

第二节　研究意义

一、理论意义

本书通过借鉴个体行为学、社会学等多学科的研究成果，建立了工作—家庭支持氛围对员工的离职倾向和心理抑郁的影响模型，利用AMOS软件和SPSS软件实证分析了本书数据，并验证了本书所建立的模型。结果表明，组织的工作—家庭支持氛围对员工的离职倾向和心理抑郁具有显著的负向影响，这种负向影响既可以直接产生，也可以通过"工作—家庭支持氛围—工作—家庭增益—心理契约违背—离职倾向和心理抑郁"这一路径间接产生。此外，工作—家庭侵入在工作—家庭支持氛围影响心理契约违背的过程中起到调节作用。

首先，学术界和实践界日益关注员工离职倾向和心理抑郁的消极影响，但是关于员工离职倾向和心理抑郁的影响因素的研究仍然相对片面。

第一章 绪 论

在回顾以往相关研究的基础上,本书从工作—家庭积极关系的角度探索员工离职倾向和心理抑郁的影响因素,从工作—家庭支持氛围的视角解释员工离职倾向和心理抑郁的产生原因,扩展了关于员工离职倾向和心理抑郁的影响因素研究。

其次,本书更深入地揭示了工作—家庭支持氛围对离职倾向和心理抑郁的影响机制。在已有离职倾向和心理抑郁的相关研究中,少有研究同时从工作—家庭关系和心理契约的角度探索员工的心理抑郁和离职倾向的影响因素。本书将员工的工作—家庭增益和心理契约违背作为中介变量,进一步解释工作—家庭支持氛围对员工离职倾向和心理抑郁的作用机制。具体而言,本书探索到工作—家庭支持氛围通过心理契约违背影响员工离职倾向和心理抑郁,而工作—家庭支持氛围影响心理契约违背的过程又会受到工作—家庭增益的中介作用。本书发现了"工作—家庭支持氛围—工作—家庭增益—心理契约违背—离职倾向和心理抑郁"这一路径,该发现为后续研究更深入地探索工作—家庭支持氛围对个体结果的影响机制提供了启示。

最后,本书将工作—家庭侵入这一构念引入到我国情境,发现工作—家庭侵入是影响工作—家庭支持氛围与工作—家庭增益之间关系、工作—家庭增益与心理契约违背之间关系的调节性变量。该发现为我国工作—家庭关系的相关研究引入了一个新的情境变量。

二、现实意义

本书通过从工作—家庭增益和心理契约违背的角度实证探索工作—家庭支持氛围影响员工的离职倾向和心理抑郁的作用机制,以及工作—家庭侵入对这一作用机制的调节作用,以期为现代企业管理防范和应对员工的离职倾向和心理抑郁提供指导。

1. 构建支持员工家庭的组织氛围

本书发现,工作—家庭支持氛围对员工的离职倾向和心理抑郁具有显著的负向影响。尽管很多组织都在实施"家庭友好计划"帮助员工平衡工作与家庭，但是如果从组织氛围层面上忽视了对员工家庭生活的支持和帮助，往往使"家庭友好计划"达不到理想效果。因此，关于组织的工作—家庭支持氛围如何影响员工的离职倾向和心理抑郁的相关研究，能指导组织有效地留住和激励员工。

2. 重视员工心理契约的建立和维护

本书发现，员工的心理契约违背在工作—家庭支持氛围与离职倾向和心理抑郁之间起到中介作用。心理契约作为联系员工和组织之间关系的心理纽带，对员工的留任和激励等许多方面都有重要的作用。尤其是随着组织内雇佣关系的巨大变化，组织与员工的心理契约内容也发生了变化，一些新的内容（如对员工家庭的支持与帮助、工作灵活性）在心理契约中的比重越来越大。因此，组织管理者应该认识到心理契约的重要性，只有加强员工心理契约的建立和维护，才能真正发挥心理契约这一剂良方在人力资源管理中的积极作用。

3. 提高和培育员工的工作和家庭之间的互益关系

本书发现，工作—家庭增益在工作—家庭支持氛围和心理契约违背之间起到中介作用。这一结论有助于组织准确理解工作—家庭支持氛围对心理契约违背的作用方式。工作—家庭增益作为工作和家庭之间积极互益关系的表现，越来越成为构建组织与员工之间长久的、高质量的雇佣关系的重要手段。基于工作—家庭增益的可提高属性，组织可以通过采取相关的措施提高员工的工作—家庭增益。例如，培养和提升员工工作方面的积极情绪，以促使员工的积极情绪提升其家庭幸福感。

4. 降低工作—家庭侵入的频度和深度

本书发现，工作—家庭侵入在工作—家庭支持氛围与工作—家庭增益之间、工作—家庭增益与心理契约违背之间起到调节性作用。这一结论说明，工作—家庭支持氛围对工作—家庭增益、工作—家庭增益对心理契约违背发挥显著作用的前提是，组织管理者需要在日常实践中尽量避免让员工把工作相关事务带到家里，降低工作对员工家庭的干扰。

第三节 研究方法

本书在大量阅读和思考相关文献,以及问卷预调研的基础上,构建了工作—家庭支持氛围通过工作—家庭增益和心理契约违背对员工的离职倾向和心理抑郁产生影响的框架模型。为了保证研究结论的科学性和合理性,本书总体上采用了以下几种方法。

一、文献研究法

为了探索工作—家庭支持氛围、工作—家庭增益、工作—家庭侵入、心理契约违背、离职倾向和心理抑郁之间的关系,本书通过阅读大量国内外相关的文献和专著,在对前人研究成果的积累、分析和思考的基础上,归纳和整理了本书选题和分析的理论基础;同时,结合中国组织的本土特点,建立本书的理论框架和理论模型,并提出本书的相关假设。

二、实证研究法

为了实现数据的最优化处理,本书采用SPSS 16.0统计软件作为数据的描述性统计分析、变量的信度分析和相关性分析的工具,采用AMOS20.0检验本书涉及变量的效度和提出的假设,并进行验证性因素分析。分析方法简要概括如下:

1. 信度分析

信度分析主要是用来检验各个量表的内部一致性,以信度Cronbach's α系数来衡量同一量表下各测量题项的一致性,并检验各变量量表的信度。

2. 效度分析

效度分析主要测量量表的题项能够准确测出所测的构念的程度。当测量结果与要考察的内容越吻合,则效度越高。本书以量表各题项的因子负荷(factor loading)来衡量各个题项对所测构念的反映的准确程度,即收敛效度。同时更好地区分各个测量变量,本书也用AVE的平方根测量了各个构念的区分效度。

3. 相关性分析

相关性分析是主要测量各个研究变量间关系的密切程度的一种统计方法。相关系数则是描述研究变量间线性关系程度和方向的统计量，通常采用皮尔森相关系数衡量。

4. 验证性因素分析

验证性因素分析主要通过结构方程建模来测试，也就是测度模型以及模型中所涉及因素之间的相互关系并进行拟合。根据拟合的结果，对测度模型进行调整，然后再拟合，直到模型的拟合度可以接受为止。本书所涉及的拟合优度统计量包括 x^2/df、CFI、NFI、TLI 和 RMSEA。

5. 结构方程模型分析

结构方程模型通过对外显变量和潜在变量的之间关系的估计和检验，不但能够清晰分析单个指标之间的相互关系，而且能够清楚估计单个指标对总体模型的影响。简单而言，结构方程模型分析允许模型存在多个因变量，并同时估计因子结构和因子关系，并可比较、评价不同的理论模型。

第四节 研究思路及结构安排

一、研究思路

本书主要目的是揭示组织的工作—家庭支持氛围对员工的离职倾向和心理抑郁的影响机制。根据这一研究目的，本书首先解释组织的工作—家庭支持氛围对员工的离职倾向和心理抑郁的直接影响，并利用结构方程模型分析检验本书数据；其次，分析工作—家庭支持氛围通过对心理契约违背的影响间接影响员工的离职倾向和心理抑郁，并且指出工作—家庭增益会在工作—家庭支持氛围影响心理契约违背的路径中起到中介作用，整个路径即"工作家庭支持氛围—工作—家庭增益—心理契约违背—离职倾向和心理抑郁"，并采用结构方程模型分析本书数据；最后，分析工作—家庭侵入对组织的工作—家庭支持氛围和工作—家庭增益之间关系、工作—家庭增益和心理契约违背之间关系的调节作用，并用结构方程模型进行验证。本书的研究思路如图1-1所示。

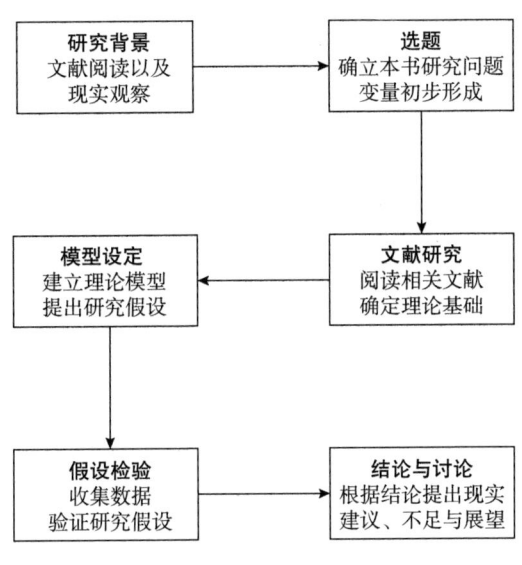

图1-1　研究思路

二、结构安排

在上述逻辑框架的指导下，本书将理论分析和实证研究相结合，从六个章节对组织的工作—家庭支持氛围与员工的离职倾向和心理抑郁的关系问题展开讨论。本书的六个章节内容具体安排如下：

第一章：绪论。本章简单综述研究背景，对研究的理论意义、现实意义和创新之处等进行简要阐述，并提出解决这一问题的逻辑框架。

第二章：文献综述。本章通过对本书所涉及的核心构念的国内外研究的阅读、梳理和分析，帮助读者精细化理解把握各个构念提出的理论基础、概念介绍、维度划分以及测量方式的简述和理论研究的进展。在回顾相关研究的历史、现状及最新动态的基础之上，理清本书对已有研究的系统拓展和补充说明，为本书所提出的模型和研究假设奠定深厚的理论基础。

第三章：理论模型与研究假设。本章基于文献分析提炼了本书的概念模型，并在此模型的基础上，确定了本书的最终理论框架，提出了工作—家庭支持氛围、工作—家庭增益、心理契约违背、工作—家庭侵入、心理抑郁和离职倾向之间相互关系的相关理论假设。

第四章：研究设计。本章通过详细介绍本书提出理论模型以及基于该模型提出研究假设所涉及的变量的概念化定义及测量方法，并对本书所采用的量表进行了预测试，以保证本书设计量表满足研究要求，最后介绍了量表设计、修改和数据采集的过程。

第五章：数据分析与结果。本章主要对调研所得到的数据进行分析，包括研究变量的信度分析和效度分析、研究变量的描述性统计分析和相关分析，并采用结构方程模型检验本书提出的结果，获得了本书的研究结论。

第六章：研究结论与展望。本章系统汇总了本书所得出的研究结论，并指出本书结论对现代企业管理的实践启示。同时本章指出了未来的研究方向，为相关研究提供了参考和借鉴。

第五节　研究创新与研究不足

一、研究创新

本书的创新之处体现在以下几个方面：

1. 从工作—家庭积极关系的角度探索员工离职倾向和心理抑郁的影响因素

以往研究多从工作—家庭消极关系的角度，探索工作—家庭关系对员工的离职倾向和心理抑郁的影响，少有研究基于工作—家庭积极关系的视角。基于此，本书通过研究工作—家庭支持氛围对员工离职倾向和心理抑郁的影响，丰富了工作—家庭积极关系的研究。

2. 从新的视角探索工作—家庭积极关系对员工相关结果变量的影响机制

以往学者较少探索工作—家庭积极关系对员工相关结果的影响机制，

第一章 绪 论

本书基于心理契约的视角,从心理契约违背的角度深入探索工作—家庭关系对员工的态度和情绪的影响机制,从心理契约的视角解释了组织相关支持影响员工离职倾向和心理抑郁的作用机制。本书通过对心理契约违背在工作—家庭支持氛围与离职倾向和心理抑郁之间中介作用的检验,从理论上更深入地探索了工作—家庭关系对员工结果的影响机制,由此为工作—家庭积极关系影响员工结果的具体路径提供了新视角。

3. 深入探索工作相关支持对员工心理契约的影响机制

以往研究者通过实证研究发现,工作相关支持对员工心理契约的构建和维护具有重要影响,但是对其内在的过程机制研究不足。已有研究发现,工作—家庭增益可以起到组织支持与个体相关结果之间关系的桥梁作用(Gordon,Whelan-Berry and Hamilton,2007;Thompson and Prottas,2006)。本书将工作—家庭增益作为解释性因素,探索工作—家庭支持氛围对员工的心理契约违背的影响机制,丰富了组织支持对员工结果的影响机制的相关研究。

4. 发现影响变量之间关系的新情境因素

本书将工作—家庭侵入这一新构念引入中国情境,发现工作—家庭侵入在工作—家庭支持氛围与工作—家庭增益之间、工作—家庭增益与心理契约违背之间起到调节作用。该发现证实了工作—家庭侵入在中国情境的适用性,也为工作—家庭关系的相关研究提供了新情境因素。

二、研究不足

第一,研究内容的界定。本书所界定的工作—家庭支持氛围,主要限于组织氛围对员工家庭生活的支持,而并没有涉及直接主管对员工家庭生活的支持,而现实中直接主管对员工的支持最常见。所以,本书并没有完整揭示组织中存在的各种支持因素对员工离职倾向和心理抑郁的影响。

第二,变量方向的界定。工作—家庭增益分为工作—家庭增益和家庭—工作增益两个方向,同样,工作—家庭侵入分为工作—家庭侵入和家庭—工作侵入两个方向。本书只考察了工作—家庭增益和工作—家庭侵入，即工作对家庭的增益和工作对家庭的侵入，但是没有考虑到家庭对工作的增益和家庭对工作的侵入。因此，考察的工作—家庭增益和工作—家庭侵入存在一定的片面性。

第三，研究设计的界定。本书从工作—家庭的积极关系即工作—家庭增益的角度探索了工作—家庭支持氛围对离职倾向和心理抑郁的作用机制，但是现实中，工作—家庭之间的积极关系和消极关系是并存的，而本书没有考虑到工作—家庭可能同时存在两种关系的交互影响。

第四，样本方面的问题。由于时间的限制，本书的样本范围比较小，虽然满足统计意义上的最低样本数量的要求，但我国面积辽阔，人口众多，尤其是新经济形势下企业形式多样，企业性质和家庭结构多样化下的员工也可能会有较大差异。因此，虽然本书的内在效度较好，但外在普适性上却存在不足。

第二章 文献综述

第一节 社会交换理论

一、社会交换理论的基本内容

社会交换理论是研究员工与组织关系的最有影响的经典理论之一。社会交换理论起源于交换理论。交换理论的基本假设是人是理性的,人们在交换活动中以满足自身的需要为目的,寻求物质利益或效用的最大化。亚当·斯密认为,人类交换行为的基本规律是从交换中获得报酬,只有当交换双方都能从中获益时,交易和交换才会发生。这一思想在社会交换理论中得到了应用。

社会交换理论认为,无论是经济的还是心理的交换,交易双方在交易过程中都会形成长期稳定的关系,而这种稳定的关系会影响社会交换的过程。社会交换的完成必须具备四个要素:①目标,即参与社会交换的双方在交换前会有事先的算计;②支付,行动者向交换对象做出一定的行动回应、物质或其他回应;③回报,接收者作出的一种酬谢,这种酬谢可能是行动也可能是物质或其他回应;④交换,即目标与回报的一致程度(朱力等,2003)。也就是说,人们在社会生活中总进行着物质的或非物质的资源交换,在交换中总盘算着怎样获得更多的交换收益,通过社会交换行为建立和维持社会关系。社会交换理论在个人各种可能的成本和获益的基础上研究人际间的相互作用。

从交换对象看,"社会交换"既可能发生在人与人之间,也可能发生于人与组织之间,因为本书所要阐述的是员工与组织之间的关系,所以本书只阐述员工与组织之间的社会交换理论。

二、员工与组织关系视角下的社会交换理论

员工与组织之间的社会交换理论来源于 Banard(1938)的组织平衡理论。Banard(1938)认为,正式组织是为了某个目标而有目的地协调两个以上的人的活动或力量的一个体系。组织内部平衡是指组织整体与员工个体之间的平衡,即诱因与贡献的平衡。"诱因"是指组织为满足个人的目的和动机提供的激励,"贡献"是有助于实现组织目标的个人活动。组织提供能满足个人需求的、影响个人动机的诱因必须大于或等于个人对组织做出的贡献。不管个人的来历和义务,要使他协作就必须向他提供诱因,否则就没有协作。Banard 认为,在所有的各种组织中,最强调的任务是提供恰当的诱因以使员工个体能够存在下去,而且组织要实施有差别的诱因。组织的支出和收入的平衡本来就是不可能的,各种诱因的分配必须同所寻求的贡献相适应。

March 和 Simon(1958)在 Banard(1938)的基础上,提出诱因—贡献模型来描述员工与组织的社会交换。在 Banard(1938)的诱因来源中,以经济诱因为主要交换内容的称为经济交换,以非经济诱因为主要内容,以组织承诺、组织公民行为、组织忠诚为回报,则称为社会交换。他们认为,当组织提供的诱因大于员工的贡献时,员工会更满意。组织提供的诱因和员工的贡献是相互作用的,员工的贡献要能确保组织能持续提供同等水平的诱因。

Banard(1938)、March 和 Simon(1958)的诱因—贡献理论用社会交换的思想简明透彻地阐明员工与组织之间的交换本质,他们是社会交换理论的鼻祖。

第二节 工作—家庭关系的理论基础

工作—家庭关系的研究是建立在工作和家庭是两个密切相关却又各有特色的假设前提的,因此对两者之间关系的认识前提是对工作和家庭的清

晰界定。以往文献中对工作和家庭的界定一直存在争论（Zedeek，1992），但是学者们普遍认同工作是个体为维持生计而提供商品和服务的工具性活动，典型的工作是为获得报酬而进行的为雇佣组织和市场提供有偿劳动。家庭被定义为通过血缘关系、婚姻关系、社会习俗和收养方式联系在一起的几个个体（Edwards and Rothbard，2000）。

研究者们从社会学、组织行为学及心理学等不同角度看待工作—家庭之间的关系。迄今为止，工作—家庭之间存在着冲突、增益、平衡、融合、一体化、丰富化等关系（刘永强，2006）。冲突是指工作和家庭对个体的角色需求具有不可调和性和互不相容性，个体履行工作（家庭）角色就妨碍了个体对家庭（工作）角色的履行，由此工作—家庭之间的关系最早体现为工作—家庭冲突。然而，随着研究的深入，研究者们意识到工作角色和家庭角色之间也存在互利互惠、相互促进的一面，所谓工作—家庭互惠互利的关系，是指工作和家庭之间的相互增益，即工作能为家庭提供各种资源（如尊重的提升、收入的增加等），提高家庭生活质量，家庭也能为工作提供各种资源（如快乐的情绪、人生价值感的提升等），提高员工的工作角色绩效。Greenhaus 和 Powell（2006）在管理学顶级期刊 *Academy of Management Review* 上的一篇文章《当工作和家庭联合：一个工作—家庭增益的理论》更是对工作—家庭增益作了一个精辟的概括。但是近年来研究者们发现，无论是工作—家庭冲突还是工作—家庭增益，都是将工作与家庭视为两个独立的整体，要全面理解工作—家庭关系，就要以整合的视角来看待工作与家庭，不能单看两者的积极关系或消极关系，由此工作—家庭融合、工作—家庭一体化等构念应运而生，但由于操作化和界定的难度，这些构念的研究相对较少。

从 20 世纪 60 年代开始，陆续有很多学者对工作—家庭关系作了探讨。随着家庭结构、工作方式以及人们的工作—家庭价值观的根本性变化，个体的工作角色与家庭角色之间的关系（即工作—家庭关系）成为组织行为学和人力资源管理中的一个重要问题。与此相适应，学者们对于工作—家庭关系的研究也经历了从工作—家庭冲突到工作—家庭平衡，再到工作—家庭增益的演变过程。整个演变过程中，研究者们从心理学、社会学等视角建立了多个工作—家庭关系模型，以下是对较有代表性的理论的简要回顾：

一、工作—家庭分割、溢出及补偿理论

Staines（1980）通过对工作和家庭之间关系的回顾，将工作—家庭关系分为分割（segmentation）、溢出（spillover）和补偿（compensation）三种类型。

分割理论认为，工作与家庭互相分离，由于两者在时间和空间上彼此独立，并且承担不同的功能，因此工作和家庭最初被看成是互不影响、彼此独立的两个领域（Burke and Greenglass, 1987；Lambert, 1990）。分割理论的核心观点是工作与家庭是自然区分的，两者互不影响、没有联系。但这一观点受到了许多研究者的挑战，因为现实中工作和家庭是两个紧密联系的领域，后来学者们更多地将家庭与工作的分割视为个体处理来自另一领域的压力的工具。也就是说，在家庭领域积极地抑制与工作有关的想法、情绪和行为；在工作领域积极地抑制与家庭有关的想法、情绪和行为。

溢出理论认为，当个体从一个领域转换到另一个领域时，个体能完整地转移分别从这两个领域获得的经验和资源，使得不同领域间的相互作用能在情绪、情感、态度、价值观、行为和技能等方面产生相似性。溢出可以是积极的，也可以是消极的。积极的溢出意味着个体在一个领域上的积极情绪、态度和行为促进了个体在另一个领域上的发展，如工作上的成就和满足感可以延伸到家庭生活的愉悦和满足。消极的溢出意味着个体在一个领域产生的情感、态度和行为等阻碍了个体在另一个领域上的发展，如工作上的问题和冲突对个体在家庭生活的参与有消极的影响（Duxbury and Higgins, 1991）。溢出观点说明工作和家庭之间相互影响，这些影响既有积极的，也有消极的。

补偿理论指出，在个体参与一个领域得不到满意感的情况下，会寻求在另一个领域获得满意感和满足感以做出补偿，寻求补偿的行为包括对照、补充、再生、异化和参与（Budros, 1999）。这些补偿行为可以分为两

种不同的补偿形式（Champoux，1978）：第一种，个体通过减少对不满意领域的投入来增加对可能使他满意的领域的参与，在不满意领域和潜在满意领域之间重新分配个体的时间和精力，这种形式的补偿是把时间、精力从不满意领域到满意领域的重新分配。第二种，个体通过从满意领域获得报酬的方式补偿在不满意领域的损失。这种形式的补偿又可以进一步细分为互补式补偿（supplemental compensation）和反应式补偿（reactive compensation）。互补式补偿是指当个体在一个领域获得的报酬不充分时，转而向另一领域寻求额外的报酬，例如，当个体的家庭生活不幸福时，会努力工作以获得更高的成就感。反应式补偿是指当个体在某一领域获得负面报酬时，会通过从另一领域寻找相对立的经历来获得相反的报酬。比如，工作累了回家休息或者为了避免思考家庭中的问题和冲突而全身心地投入工作。互补式补偿和反应式补偿都是从另一领域寻求报酬，但前者是正报酬不足引发的，而后者是负报酬引发的。

分割理论、溢出理论、补偿理论分别表明工作领域与家庭领域之间既可能存在相互独立的方面，也可能存在相互有利的方面，同时还可能存在相互不利的方面。借鉴 Kanter（1977）对工作和家庭的区分，工作领域和家庭领域是相互整合的而不是相互分割的，工作与家庭的分割暗含着工作领域和家庭领域之间没有交叉或交叉很少，但后来的工作和家庭界面的开放性系统法界定了工作与家庭之间的多种关系，并且用不同的理论解释两者之间的关系。

Staines（1980）通过对溢出理论和补偿理论的对比，发现溢出理论假设员工在一个领域的情感和行为会转移到另一个领域。补偿理论假设对一个领域的更多参与是为了获得更多的满意度，以补偿对另一个领域的参与度减少所导致的不满意。他同时发现，工作和家庭之间的补偿关系是工业时代的员工所特有的。工作—家庭之间的溢出关系成为近年来的工作—家庭关系的热点，并且有学者将工作—家庭之间的溢出关系分为工作—家庭积极溢出和工作—家庭消极溢出两个分支（Kirchmeyer，1992），工作—家庭的消极溢出主要表现为工作—家庭冲突，工作—家庭的积极溢出主要表现为工作—家庭增益。然而他们只是从静态的视角看待工作与家庭之间的关系，没有深入探索工作与家庭发生联系的动态过程和具体因素，也没有探索个体因素和情境因素对两者关系的影响。因此，后续的研究者分别从工作—家庭关系的动态过程以及个体和情境对这一过程的影响两个方面展开了进一步研究，并陆续提出了一些重要理论，比较有代表性的有工作—家庭边界理论和工作—家庭角色理论。

二、工作—家庭边界理论

边界理论是解释工作—家庭之间关系的一个较新视角。根据边界理论（Nippert-Eng, 1996），边界是个体区分实体中不同领域的物理的、时间的和（或）认知的限制。个体对不同领域的边界有两种应对方式：一是边界设立，即个体在不同领域设立边界，保持领域之间的分离；二是边界跨越，即个体调和不同领域的边界，在不同领域之间相互跨越。个体对不同领域的整合意味着个体要在不同领域间进行更多的角色转换，而个体对不同领域的分割意味着个体不需要进行频繁的角色转换。领域之间的边界具有两个性质：弹性和渗透性。当不同领域的边界是弹性的且可以相互渗透时，或者不同领域对个体的要求相同时，个体比较容易对不同领域的边界进行整合，而当不同领域的边界是固化的且难以渗透时，或者这些领域对个体特质的要求具有很大差别时，个体就会对各个领域进行分割，也就是为各个领域设立边界。

工作和家庭就是由边界界定的不同领域。工作领域和家庭领域的差异主要体现在两者不同的价值终端和价值途径。就价值终端而言，个体可以从工作中获得物质回报和成就感，从家庭生活中获得亲密的关系，"爱"和"归宿感"。就价值途径而言，个体为了实现工作目标，满足工作要求，就必须要有足够的能力，并且勇于承担责任，而个体实现家庭和谐幸福，"充满爱心""无私奉献"则是最重要的条件。个体的工作和家庭的价值终端、价值途径等软性因素对个体角色要求的相似性直接决定了个体整合工作和家庭的难易程度。

美国学者 Clark（2000）承启 Nippert-Eng（1996）的边界理论提出"工作—家庭边界理论"（work-family border theory）。工作—家庭边界理论与边界理论的不同首先体现在该理论所针对的对象为工作和家庭。此外，工作—家庭边界理论更侧重个体在边界之间的角色转换的直接结果是实现角色间的平衡；而边界理论更侧重个体的边界转换的结果是个体如何整合工作和家庭。工作—家庭边界理论是边界理论的一个分支，该理论将工作和家庭看作是个体不同的活动领域，个体穿梭于工作边界与家庭边界之间，分别与工作和家庭的不同规则相联系，与不同的人群打交道。工作与家庭之间的边界区分主要包括三种形式，分别是物理边界（physical border）、时间边界（temporal border）和心理边界（mental border）。具体而言，工作—家庭的物理边界是指工作和家庭在空间上的分割；工作—家庭的时间边界是指工作和家庭在时间上的分割；而工作—家庭的心理边界是由个体界定的，描述个体对工作边界和家庭边界在思维和行为方式上的分割，个体对工作—家庭的心理边界往往受到物理边界和时间边界的影响（Clark，2000）。

Clark 还将工作—家庭边界所涉及的主体对象区分为边界维持者和边界跨越者。当个体频频跨越在工作和家庭之间时，个体的角色是边界跨越者；而当个体能够界定工作和家庭之间的边界时，或者个体有能力影响工作和家庭之间的边界时，个体的角色就成为边界的维持者。边界的维持者和跨越者并不是固定不变的，也不是统一的，会因为个体的角色、身份、职位的变化而变化。比如，当个体是企业员工时，他仅仅是边界跨越者；当个体是私企老板时，他既是边界跨越者又是边界维持者。工作—家庭边界理论尝试解释边界跨越者与他们的工作生活和家庭生活之间的交互作用，他们如何与边界维持者互动以处理与协调工作领域和家庭领域的边界和范围，最终影响其工作和家庭之间的平衡。Clark 认为，当个体的工作和家庭之间的角色冲突最低时，工作和家庭处于平衡状态，这时个体对工作—家庭关系的满意度最高。

工作和家庭的边界具有渗透性和弹性两种性质。第一是渗透性，渗透性指工作（家庭）领域的元素进入家庭（工作）领域的程度，或者说工

（家庭）角色允许个体在时间上、心理上或行为上卷入家庭（工作）角色的程度。渗透性可以是物理渗透、时间渗透和心理渗透三种形式。物理渗透表现为，个体的家庭成员可以频繁出入个体的工作场所，或者个体把工作场所中未完成的工作带到家里。时间渗透体现为，个体在上班时间可以接听家庭电话，或者个体在上班时间可以送家里老人去医院看病。渗透也可以是心理上的，如个体可能会将工作中的负面情绪带到家里，或者带着家庭里的烦心事去上班。工作和家庭之间的边界渗透可以是负面的也可以是正面的，例如，家庭中的喜事会使个体把积极情绪带到工作中，工作活动中的创新性想法同样可能解决家庭中的难题。第二是弹性，弹性是指工作（家庭）领域的元素进入家庭（工作）领域的灵活程度，或者个体的工作角色和家庭角色的柔韧程度。个体的工作—家庭边界的弹性包括时间弹性和地点弹性两方面。例如，当个体可以灵活掌握工作时间时，工作与家庭的时间边界就是具有弹性的。如果个体可以灵活选择工作地点，那么工作与家庭的物理边界就是有弹性的。具有角色弹性的个体能够在任何情境、任何时间下转换不同的角色。渗透性和弹性保证了个体在必要时能够进行角色转换，从而降低角色间冲突。

渗透性和弹性的不同组合，组成了工作与家庭的分离（segmentation）与整合（integration）。个体用"整合"和"分离"来处理不同范围内的问题，一个完全整合了家庭和工作的个体，其工作和家庭具有高度的渗透性和高度弹性，也就是说，对个体而言，家庭与工作没有界限。例如，创业者在创业初期，往往是家企合一。相反，当工作边界与家庭边界完全没有渗透性和弹性时，工作和家庭是完全分离的，也就是说，个体把工作与家庭分成两个互相独立的领域，彼此互不影响。极端情况是，家庭和工作只取其一。工作与家庭的整合与分离是一个统一连续体，一个极端是工作与家庭完全整合，另一个极端是工作与家庭完全分离（Nippert-Eng，1996；Clark，2000）。但是现实中，不可能有完全的整合与分离，大多数情况介于两者之间。

工作—家庭边界理论的核心理念认为，对于工作领域和家庭领域，当保持两者的分离时，个体可以更容易地管理工作—家庭边界；而整合两者可以促进个体在两者之间的转换。由于对工作领域和家庭领域进行整合和分离的主体是员工,因此要根据员工自身特点(如时间管理技能、自我协调能力),他们赋予工作和家庭的意义(如他们认为工作和家庭同等重要的程度),他们对整合或分离的偏好、组织情境特征(如组织支持员工家庭的各种福利政策的实施程度与覆盖范围、组织管理者对员工家庭生活的关心程度、组织手册是否列入了对员工工作外生活的支持与帮助),员工的外部社会环境对工作和家庭边界的期冀及可接受的标准等,他们所处的社会情境所期许的工作和家庭边界等,制定策略来缓解工作和家庭的边界问题。

工作—家庭边界理论动态地看待了工作与家庭之间的关系,不仅指出工作和家庭之间边界的不同特征会导致两者关系的变化,有可能是冲突,有可能是增益,有可能是平衡,也指出工作和家庭两个领域的整合与分离是边界跨越者与边界维持者相互作用的结果。工作—家庭边界理论通过解释工作与家庭冲突产生的原因,回答个体如何处理工作和家庭的两个领域、边界以使其达到平衡。

由此可见,工作—家庭边界理论克服了以往工作—家庭理论静态地看待两个领域关系的缺点,不仅阐述了工作与家庭的互动过程,而且强调了个体在两者关系中的积极主动性。从某种意义上来说,工作—家庭边界理论解释了工作和家庭之间冲突的产生机制,为后续研究探讨如何平衡两者之间的关系作出了指引。

三、工作—家庭角色理论

1. 角色理论

每个个体生来都有不同的角色。角色指个体身处外在环境因具有某种身份而被预期承担的某一特定行为模式,而身份指个体在社会组织或社会结构中应承担的角色。任何一个个体都担任多个社会角色,每一个社会角色都指明了个体对其他个体、所在组织及其大环境应该承担相应的义务和责任。在纷繁的社会环境中,角色并非单一存在,而是与其他角色相互依存的。角色为个体提供了解释事与人之间的关系和相互作用的意识框架。

Kahn 等（1964）提出了角色情境模型（Role Episode Model）。该模型指出，角色担任者与角色发送者彼此相互反应，并受到情境因素和个体因素的影响。角色发送者通过对角色担任者施加压力来表达对其角色表现的期望，而这些压力会影响角色担任者的角色支配力，进而影响其行为。该模型指出了个体的角色压力有三种来源：①不同角色发送者发出的相互冲突的要求导致的压力；②同一角色发送者发出的相互冲突的要求导致的压力；③角色承担者自身感知到的不同角色之间的预期、责任等相互冲突的角色要求带来的压力。

Katz 和 Kahn（1978）在角色情境模型的基础上提出了角色动态理论。该理论认为，当个体与其他个体互动时，会对对方产生角色期望，其中一方为角色发送者，另一方为角色承担者。角色发送者通过对角色承担者的评估而对其萌发角色期望，并通过传达信号的方式尝试改变角色承担者。与此同时，角色承担者对角色发送者的角色期望进行再加工，而这种再加工的过程会受到角色承担者对预期角色的认知和理解的影响，再加工的结果是契合或违背角色发送者的角色期望；角色发送者根据角色承担者的反应结果重新提出新的角色期望；整个过程动态循环，相互影响。在整个循环的互动过程中，当一个角色发送者的角色期望与角色承担者的实际角色之间存在偏差时，角色冲突、角色模糊和角色负荷等因为期望角色与实际角色不契合产生的一系列角色问题就会发生，并且直接改变个体的角色行为反应。其中，整个动态循环过程会受到多种因素的影响，如组织因素（组织氛围、物理环境等）、个体因素（地位、性别、价值观、工作时间等）和人际关系因素（角色承担者与角色发送者之间的关系、互动频率、沟通方式与回馈等）。

2. 角色冲突理论

Merton（1957）最早定义了角色冲突的雏形，他提出，当来自环境的不同期待难以调和时，就会导致个体的角色冲突。换言之，个体往往会承担多重角色，而每个角色对个体的期待是不同的，当这些期待的要求互不相容时，个体就会体验到角色冲突。Kanh 等（1964）首先具体地将角色冲突定义为个体承担的不同角色对其角色需求往往互不相同，甚至是互相冲突，当个体在满足一个角色的同时难以满足另一个角色。Rizzo 等（1970）提出，角色冲突不仅包括不同角色之间的需求冲突，也包括角色承担者和角色发送者对角色绩效的评价标准之间的冲突。林崇德等（2003）在《心理学大辞典》中也从这两个方面定义了角色冲突。Gross 等（1958）提出，角色冲突包括角色内冲突与角色间冲突两种形式。角色内冲突主要体现在两个方面：第一，角色对角色承担者规定的各种行为规范和要求与角色承担者的价值观、信念之间存在冲突。第二，角色发送者规定的角色规范、角色承担者领悟到的角色规范和角色承担者实际承担的角色之间存在冲突。例如，角色承担者对角色发送者期望的角色行为规范存在理解偏差；又如，当角色承担者在履行角色的过程中受个人因素和系统因素的影响时，导致所执行的角色结果与角色发送者期望的角色规范存在巨大偏差。角色间冲突发生的前提是个体同时承担了多个角色，而当多个角色发送者对角色承担者发送的角色期望不一致时，就会造成角色间冲突。角色间冲突产生的概率与个体承担的角色个数呈正相关关系。因为不同角色的期望往往是不同的，甚至是互不相容的，因此不同角色对个体的要求不同甚至相悖就会引起个体的角色间冲突。也就是说，当个体必须同时充当两种或两种以上的角色而产生压力，或者充当其中一种角色会使扮演其他角色变得更为困难时，就会产生角色间冲突。

工作—家庭冲突就是角色间冲突的一种形式（Greenhaus and Beutell，1985），是工作角色和家庭角色对个体的要求互不相容的表现。比如，个体的配偶要求其更多地关注家庭事务时，加班或将工作带回家都会引起工作—家庭冲突。同时，一个角色要求与另一个角色要求互不兼容，这种不兼容性的存在又增加了角色之间相互转变的难度（Kahn et al.，1964）。

Kopelman（1983）从整体的角度看待个体同时承担工作角色和家庭角色时的角色间冲突，他认为，个体作为一个社会存在者，同时承担工作角色和家庭角色就难免遭遇两者之间的冲突，这些冲突会直接影响个体的生活。他将该理论命名为角色间冲突模型，如图 2-1 所示。

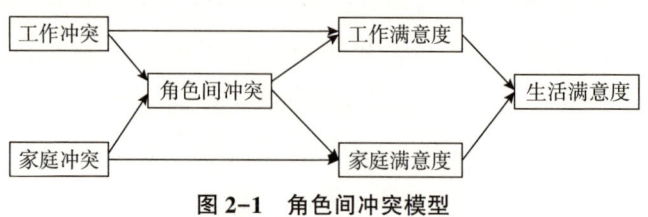

图 2-1 角色间冲突模型

资料来源：Kopelman R. E., Greenhaus J. H. & Connolly T. F. A model of work, family, and interrole conflict: A construct validation study [J]. Organizational Behavior & Human Performance, 1983, 32 (2): 198-215.

Kopleman 的角色冲突模型从静态层面上研究工作—家庭的关系，其假设前提是工作和家庭是两个独立分割的领域，家庭领域和工作领域互不干扰，但满足工作角色和家庭角色的前提是个体付出其情感、时间、金钱等，而满足两者的角色需求的过程势必会造成个体的角色压力。Kelly 和 Voydanoff（1985）将角色压力分为角色超载和角色干扰两种形式。角色超载的存在是因为个体的时间和精力无法满足多个角色对个体的需求。角色干扰的发生是因为个体同时履行的多个角色对个体的需求互相冲突，而导致个体难以完成多个角色需求（Duxbury and Higgins，1991）。

3. 角色累积理论

角色累积理论与角色冲突理论持截然相反的观点，该理论提出，个体担任多个角色利大于弊。

角色累积理论主张个体参与一个角色会提升和强化其对另一个角色的参与，而这种积极溢出（positive spillover）大于参与多个角色对个体造成的消极作用，因而产生净满意（Siber，1974）。基于 Greenhaus 和 Parasuraman（1999）提出的观点，当个体扮演多个角色时，所获得的资源远远多于扮演这些角色所消耗的资源，而这会增加其幸福感，学者们开始思考工作和家庭之间的积极关系。

Grzywacz（2002）就工作角色和家庭角色之间的积极溢出关系提出了理论模型。此后，工作和家庭之间的相互促进关系成为工作—家庭关系研究的新方向。研究者开始考察工作与家庭之间的正面关系，并提出了相关术语（如 work-family facilitation，work-family enhancement，work-family positive spillover 等）。其中，Creenhaus 和 Powell（2006）在国际顶级学术期刊 *Academy of Management Review* 上发表的一篇文章将工作—家庭积极关系的相关研究推向了高潮，他们提出了工作—家庭增益（work family enrichment）的概念，并将工作—家庭增益定义为"个体参与一种角色所获得的积极体验、技能等资源会通过不同的方式对另一种角色质量产生积极影响"。尽管对工作—家庭正向关系的研究术语各有侧重，但都是基于角色累积理论看待工作—家庭的积极关系。

角色累积可以从以下三种方式对个体产生积极的结果（Voydanoff，2002）：

第一，角色特权（role privilege）。个体所承担角色的权利和义务并存，当个体承担的角色增加，个体所获得权利的累积速度远远超过个体所承担义务的累积速度。因此，随着个体承担角色的数量增加，角色累积所产生的结果可以对个体的生理和心理幸福感产生有益的影响（Barnett and Hyde，2001），因为同时参与工作角色和家庭角色并且对工作角色和家庭角色满意的个体的幸福感要大于只参与一种角色或者对他们的一种或多种角色不满意的个体。

第二，角色缓冲（role buffer）。同时参与工作角色和家庭角色可以缓解由某一种角色引发的紧张忧虑。研究表明，对于有高质量和令人满意的工作经历的个体，其家庭压力与个体的幸福感及健康影响程度的关系较弱（Barnett，Marshall and Sayer，1992），但是，当个体拥有高质量的家庭生活时，工作压力对个体幸福感的负面影响会大大降低（Barnett，Marshall and Pleck，1992）。这些缓冲效应说明，个体承担多个角色可以缓解和降低个体因某一角色带来的忧虑和困扰等负面影响，因为当个体对某一角色的扮演失败时，个体可以通过成功地扮演其他角色来予以补偿（Siber，1974）。

第三，角色资源（role resource）。一种角色的成功经历可以对另一种角色产生积极的结果。因为多种角色参与产生的能量可以被用作其他角色强化的经验（Marks，1977）。也就是说，一种角色所获得的资源可以应用到另一种角色中，需要说明的是，这里所指的资源是个体承担角色所获得的社会关系提供的，比如，因为工作关系认识的朋友给予的内幕信息等。当个体的角色数量越多，个体能获取的资源数量也越多，最终得益于所有这些角色，如个体从工作中获得的资源（收入、社会关系、成就感等）都会对其履行家庭角色产生积极的影响。

工作—家庭角色理论从个体同时扮演工作和家庭的双重角色的现实角度出发，剖析了个体的工作角色和家庭角色的交互作用对个体的影响。基于角色冲突理论，个体的工作角色和家庭角色是相互冲突的，个体参与一个角色必然会耗费个体的时间和精力，从而难以甚至无力有效地履行另一个角色。角色冲突理论的核心是当个体充当多个角色时，由于个体时间和精力的局限性，一个必然的结果是会造成个体的角色超载和角色干扰，从而给个体带来消极的影响，因此为工作—家庭冲突的研究提供了理论基础。基于角色累积理论，个体的工作角色和家庭角色是可以相互促进的，个体参与一个角色有益于其另一个角色的履行质量。角色累积理论的核心是当个体充当多个角色时，由于参与多种角色的资源可以互益，因此会导致个体的角色增益或角色促进，从而给个体带来积极的影响，为工作—家庭增益或工作—家庭促进的研究提供了理论基础。

由此可见，工作—家庭角色理论将工作和家庭视作两个互相联系的独立体，而两者之间的积极关系或消极关系组成了工作—家庭之间的关系的统一体。与工作—家庭边界理论相比，工作—家庭角色理论视角下的工作—家庭关系具有更强的现实意义和可操作性。

第三节　工作—家庭支持氛围的相关研究

一、工作—家庭支持氛围的概念

工作—家庭支持氛围（work-family climate）①，反映了组织中的工作群

---

① 考虑到如果将"work-family climate"直译为"工作—家庭氛围"，在字面上无法表达出组织支持员工家庭的意思，所以本书将其翻译为"工作—家庭支持氛围"。

体对员工的工作和家庭生活的支持,也被理解成为一种文化(Thompson, Beauvais and Lyness, 1999; Warren and Johnson, 1995)、一种组织感知(Allen, 2001; Jahn, Thompson and Kopelman, 2003)和一种氛围(Adams, Woolf, Castro and Adler, 2005; Anderson, Morgan and Wilson, 2002; Hannigan, 2004)。学者们对文化与氛围无论在含义上、操作化上,还是在区分上都存在一定的混淆(Denison, 1996; Parker et al., 2003)。因为文化和氛围都包含了对组织中心理现象的理解,并且都是基于对组织的某一个方面的共同看法。虽然本书参考工作—家庭文化的相关文献,但是本书的着重点仍然在于工作—家庭支持氛围,因为工作—家庭支持氛围更侧重于个体层面的感知的集中体现和测量。

工作—家庭支持氛围表达了组织对员工整合工作和家庭关系的重视和支持的程度。Schein(1992)提出,氛围由内而外从多种层面上得以体现。氛围的最外层是具有可见性。在工作—家庭支持氛围中,家庭友好政策是组织对员工的家庭支持氛围的最外层(Kinnunen, Mauno, Geurts and Dikkers, 2005)。这些家庭友好政策反映了组织对员工的家庭支持的外显指标。外显指标是明显并且易感知的,但是并不能作为反映氛围的可靠性指标(Schein, 1990)。当一个组织内的成员对组织的氛围在行为、思想和感知上具有相似的价值观和潜在假设时,才是组织的氛围的核心体现。

在工作—家庭关系的早期研究中,研究者注意到组织实施的家庭友好计划可以帮助员工平衡多种角色(Thomas and Ganster, 1995),组织的家庭友好支持政策(如单位托儿所、弹性工作时间、远程办公等)能够提高员工感知的组织对家庭的支持。但实践中组织并非都自愿地为员工提供各种家庭友好支持政策,所以员工会担忧因使用这些组织并非自愿提供的支持政策而对其职业发展造成消极影响(Fierman, 1994),因为如果员工不认为组织的支持政策是真正地鼓励他们在工作和家庭生活之间寻求平衡,而是迫于政府、舆论等第三方的压力,那么这些政策就不会取得预期的效果。此外,研究者发现支持性的工作—家庭支持氛围往往比正式的友好支持政策更能影响员工的表现(Behson, 2005)。

Thompson 等（1999）提出，组织中的工作—家庭支持氛围能使员工最佳地平衡工作和家庭生活。他们将工作—家庭支持氛围定义为"关于组织对员工的整合工作和家庭生活的支持和重视程度的共同的假设、信念和价值观"，并将工作—家庭支持氛围分为三个维度：管理者对员工平衡工作—家庭的支持度，员工对采用家庭友好计划会对个体职业发展的消极影响的感知，组织对员工满足家庭生活所需时间的预期。为了使他们的定义具有更强的可操作性，他们开发了包含 20 个题项的工作—家庭支持氛围量表。

随后研究者们对工作—家庭支持氛围的概念界定和操作化测量进行了讨论。例如，Allen（2001）引入了支持家庭的组织感知（Family Supportive Organizational Perceptions，FSOP），并开发了 14 个题项的测量量表。Dikkers 等（2004，2007）总结出工作—家庭支持氛围的两个主要方面：支持和妨碍。支持指员工感知到的组织、直接主管和同事支持其整合工作和家庭生活的程度，妨碍指员工感知到的组织规章和期望（如时间期望、消极的职业结果）阻碍其平衡工作和家庭的程度。

本书综合以上研究者的定义，将工作—家庭支持氛围定义为员工感知到的组织对其平衡工作和家庭生活的支持和重视程度。

二、工作—家庭支持氛围的结果变量

积极的工作—家庭支持氛围能为员工营造轻松的工作环境，让员工感知到组织关心员工的福利（well-being），从而使员工将工作视为实现更好的家庭生活的资源而不是增加角色冲突的因素。

此外，基于价值一致性观点（Meglino et al.，1989），个体价值观与组织价值观的一致性可以促进双方福利。当员工认为"工作责任和家庭责任达到最优平衡"的价值观与组织所倡导的工作—家庭关系的价值观（如支持性的工作—家庭支持氛围）相一致时，会对个体的态度和行为产生积极的影响。

对个体的态度影响方面，Mauno 等（2005）发现，支持性的工作—家庭支持氛围可以缓解个体应对工作和家庭的双重角色需求下的心理压力。

也有学者发现,组织支持—家庭的氛围可以使员工感知到组织对自身的重视和关心,从而提高对组织的承诺(Wayne et al.,2006)和工作满意感(Mauno et al.,2011),并更加依附于组织(Wu et al.,2011),降低离开组织的意愿(Wayne et al.,2006)。

对个体的行为影响方面,Schaufeli 等(2009)实证研究发现,工作—家庭支持氛围显著帮助员工处理家庭相关需要,从而能降低员工因家庭事务拖累而导致的缺勤率。同时,工作—家庭支持氛围会使员工同样回报组织以更高的工作投入(Demerouti and Cropanzano,2010)和更多的组织公民行为(Brägger et al.,2005)。

也有学者从工作—家庭关系的角度探索工作—家庭支持氛围的积极影响,从工作—家庭关系的两个经典代表——工作—家庭冲突和工作—家庭增益的角度的研究发现,工作—家庭支持氛围能显著降低员工的工作—家庭冲突(Anderson et al.,2002),并显著提高员工的工作—家庭增益(Wayne et al.,2006)。但目前为止,关于工作—家庭支持氛围与工作—家庭增益之间关系的相关研究较少。

工作—家庭支持氛围对个体的影响的相关研究如表 2-1 所示。

表 2-1　工作—家庭支持氛围的结果变量汇总表

	结果变量	作者	年份
员工态度	心理压力	Mauno 等	2005
	情感承诺	Bordeaux 和 Brinley	2005
	组织依附	Wu 等	2011
	工作满意度	Mauno 等	2011
		栾敏娜	2008
	离职倾向	Wayne 等	2006
	组织承诺	Flye 等	2003
员工行为	缺勤率	Schaufeli 等	2009
	工作投入	Demerouti 和 Cropanzano	2010
	组织公民行为	Brägger 等	2005

续表

结果变量		作者	年份
工作—家庭关系	工作—家庭增益	朱农飞和周路路	2010
		Wayne 等	2006
	工作—家庭冲突	Anderson 等	2002
		Thompson 等	1999

三、工作—家庭支持氛围的研究述评

工作—家庭支持氛围是组织氛围的一种，反映员工关于组织支持和帮助员工的家庭生活的共同性认知、价值，从组织的氛围层面体现出组织对员工家庭需要的关心和帮助。Firedman 和 Galinsky（1992）提出，如果员工的工作—家庭关系不能成为组织氛围的一部分，那么组织的家庭友好政策不会对员工的工作与家庭之间的平衡真正奏效。在此基础上，一些学者提出了工作—家庭支持氛围的构念，并发现工作—家庭支持氛围比家庭友好政策更能有效预测员工的态度和行为（Thompson et al.，1999）。

Thompson 等（1999）呼吁，后续研究不仅要关注员工的态度和行为的研究，也要关注其预测员工心理变化所起到的作用。后续学者从一定程度上响应了 Thompson 等的呼吁。但总体来看，国内外学者关于工作—家庭支持氛围对员工离职倾向的影响的研究较少，并且对其内在的影响机制还相对欠缺。此外，员工的心理抑郁等心理问题虽然已经引起实践者和研究者的普遍关注，但是从管理学的角度（如工作—家庭关系角度）探索员工心理抑郁的影响因素的研究仍然较为匮乏。

第四节 工作—家庭增益的相关研究

一、工作—家庭增益的概念

工作—家庭增益（work family enrichment）不是工作—家庭冲突的简单

对立，具有其独特的内涵。工作—家庭增益源于 Siber（1974）的角色累积假说（role enhancement hypothesis），他支持个体存在角色间的积极溢出，而且这种积极溢出可能大于其角色投入造成的消极溢出。随后研究者开始从工作—家庭积极互益的视角探索两者之间的关系，不同学者基于不同的侧重点提出了不同的构念来描述工作—家庭积极关系，如正向溢出、增益等。

正向溢出（positive spillover）的概念最早由 Crouter（1984）提出，它是指个体从某一领域获得的资源（如态度、金钱）可以正向转移给个体的其他领域；增益（enrichment）是指个体同时扮演多个角色可以提高其角色绩效（Greenhaus and Powell, 2006）。促进（facilitaion）是指在个体参与某一领域的角色所获得的资源可以提升个体在另一领域中角色扮演的整体功能（Grzywacz, 2002）。

Carlson（2006）对这些概念进行了区分，他认为，工作—家庭增益是指个体参与某一领域所获得的各种有形或无形的资源有益于提高其参与其他领域活动的效能感。正向溢出是指员工在某一领域可以积累情绪、技能、价值观和行为等资源，而这些资源在角色转换过程中，可以对其他领域的角色表现产生积极影响；而促进是指个体参与某一领域的角色所获得的资源可以提升个体在另一领域中角色扮演的整体效能。

本书将工作—家庭增益定义为个体参与某一领域（工作或者家庭）所获得的资源对提升个体在另一领域（家庭或者工作）的角色表现的贡献程度。

二、工作—家庭增益的维度

Frone 等（2003）发现，工作—家庭增益分为工作—家庭增益和家庭—工作增益两个方向。工作—家庭增益和家庭—工作增益有不同的影响因素（Greenhaus and Powell, 2006），工作相关因素更能促进工作—家庭增益，而家庭相关因素更能促进家庭—工作增益。关于个体对工作—家庭增益和家庭—工作增益的感知程度方面，Grzywacz 和 Marks（2000）以 25 ~

62岁之间的个体为样本发现员工会经历更多的家庭—工作增益，Gordon等（2007）以50岁以上的女员工为样本也得到了相同的结论。

Greenhaus和Powell指出，工作角色和家庭角色相互增益的路径包括工具性路径和情感性路径。工具性路径发生于扮演一个角色直接提高其他角色的履行质量；而情感性路径较为曲折，发生于扮演一个角色所带来的积极体验间接提高其他角色的履行质量。由此我们可以根据工作—家庭增益的方向和发生途径划分出四个维度，如表2-2所示。

表2-2 工作—家庭增益的维度表

		工作—家庭增益的方向	
		工作—家庭方向	家庭—工作方向
工作—家庭增益的发生途径	工具性路径	基于工具性途径的工作—家庭增益	基于工具性途径的家庭—工作增益
	情感性路径	基于情感性途径的工作—家庭增益	基于情感性途径的家庭—工作增益

Carlson等（2006）在对以往有关工作—家庭积极关系研究进行总结的基础上，将工作—家庭增益也分为工作对家庭—增益和家庭—工作的增益两个方向，并通过因素分析将每个方向进一步分为三个维度，构建了工作—家庭增益的六维模型。其中，在工作对家庭的增益方面，分为以下三个维度：工作对家庭的发展增益、工作对家庭的情感增益、工作对家庭的资源增益。家庭对工作的增益也分为三个维度：家庭对工作的发展增益、家庭对工作的情感增益、家庭对工作的效率增益。Carlson等还基于这六个维度开发了工作—家庭增益量表，经过两次实证研究的检验，获得了很好的信度和效度。

三、工作—家庭增益的发生机制

对于工作—家庭增益的发生机制，学者们从不同的角度提出了不同的模型。但最具代表性的是以下模型：

1. 工作—家庭增益机制的系统模型

Grzywacz等（2007）基于系统论思想，从时间顺序上来理解工作—家庭增益发生的作用机制，主要包括以下三个过程：生成（engagement）、催化（catalysts）和正性增长创造（the creation of positive growth）。

生成是指从事与某一领域的角色相关的活动时涉及的角色投入。这一过程直接带来三个资源变化：第一，由于角色投入而获得稳定资源（如经济回报、职权等）；第二，由于角色投入而损耗资源（如时间、精力等）；第三，由于角色投入强化而强化隐性资源（如自我效能感、名誉等）。也就是说，角色投入会为个体带来负性收益（资源耗竭）和正性收益（资源获得和强化）。

催化是指促进系统和个体发生改变的过程，包括个体催化和系统催化两个方面（Aldwin et al., 1988）。催化过程强调的是个体因为角色投入对自身和整个系统或系统内部的其他成分产生正向作用。换言之，个体通过角色投入所获得的收益既可以对作为系统（工作或家庭）一分子的个体也可以对整个系统产生积极的影响。但个体催化以资源强化为前提，例如，由于在家倾听孩子意见所培养的亲和力，使得个体更有耐心与同事沟通。然而系统催化则是以资源获得为媒介，如组织的各种福利（如单位育儿园、时间管理授权等）直接促进其整个家庭生活的改善。

正性增长创造的过程发生于角色投入影响系统运作的核心环节，这些核心环节的积极变化在系统内部得以复制和扩大化从而又促成了新的正性增长。在工作系统当中，正性增长可以表现为改善人际交往的能力，提高组织能力等。在家庭系统当中，家庭问题的解决、家庭成员的交流增多等是正性增长的表现。

2. 工作—家庭增益的路径模型

Greenhaus 和 Powell（2006）基于角色累积理论，通过情感性路径和工具性路径两种路径提出了工作—家庭增益的双路径模型。该模型指出，个体同时参与家庭活动和工作活动获得技能、社会资本等五种资源，而这五种资源又会通过工具性路径和情感性路径两种路径的共享和转移使个体的工作—家庭增益得以实现。

该模型中，个体扮演角色 A 的收益不但提高了角色 A 自身的角色绩效，而且通过工具性路径和情感性路径间接促进角色 B 的角色绩效。工具性路径即个体扮演角色 A 所获得的资源直接提高角色 B 的绩效，因为资源的应用对另一个角色的绩效有直接的影响，如个体在角色 A 中所获得的积极情绪能提高角色 B 的绩效。此外，工具性路径会受到角色 B 的重要性和角色 A 与角色 B 的资源匹配度的影响，当角色 B 很重要或者角色 A 所获得的资源与角色 B 需求的资源相一致或符合角色 B 的要求时，扮演角色 A 的收益显著提高角色 B 的履行绩效。工作—家庭增益的情感性路径，即扮演角色 A 中获得的积极态度能提高角色 B 的角色绩效和积极情感，而这一间接影响过程会受角色 B 的重要性的调节作用。

3. 工作—家庭增益的"资源—增益—发展"模型

Wayne 等（2007）基于生态学理论和资源保护理论，提出了"资源—增益—发展"模型。该模型从系统层面解释了个体以资源为基础、以增强工作和家庭的整个系统效能为目标的过程。该模型的出发点是资源，Wayne 等（2007）将资源分为能量资源、支持性资源和条件资源，这些资源是工作—家庭增益发生的基础。

该模型提出，工作—家庭增益之所以会发生，是因为个体的本能，这种本能激励个体不断实现自身的发展，而发展的表现之一是把其在某一领域获得的经验和资源用到其他领域，以实现最大化的发展。基于这个逻辑，个体的环境资源会对工作—家庭增益带来积极影响，而且这一影响程度会受到个体的需求特征（性别和社会阶层）调节，从而导致不同的增益结果。工作—家庭增益不仅包括组织机能的提升，如团队凝聚力和团队有效性的提升，还包括家庭机能的优化，如婚姻质量和亲子关系质量的提升。

Wayne 等（2007）的模型没有从工作—家庭增益发生的双向性角度进行深入细致的研究，同时，该模型仅仅从系统水平（工作机能和家庭机能）分析了工作—家庭增益的结果变量，但忽略了个体水平的结果变量。

以上是目前关于工作—家庭增益的发生机理得到较多认可的研究成果。从研究层次上，Wayne 等（2007）和 Grzywacz 等（2007）强调工作—家庭增益在系统层次上的积极效能。Greenhaus 和 Powell（2006）侧重个体层次上同时扮演工作角色和家庭角色的角色绩效提高，前人的研究引导后续研究者从多层面更立体地理解工作—家庭增益出现的过程机理。

四、工作—家庭增益的相关实证研究

1. 工作—家庭增益的前因变量

现有研究主要从个体层面变量、工作层面变量和非工作层面变量三个层面探索工作—家庭增益的影响因素，如表 2-3 所示。

表 2-3 工作—家庭增益的前因变量

个体层面变量			
变量	作者	年份	结论
大五人格	Wayne 等	2004	外向型、开放型与家庭—工作增益正相关，神经质型与工作—家庭增益负相关
前瞻性人格、乐观主义	Aynee 等	2005	前瞻性人格和乐观主义对工作—家庭增益有显著的正向影响
个体层面变量			
变量	作者	年份	结论
核心自我评估	Boyar 等	2007	核心自我评估是工作—家庭增益的重要预测变量
性别	Grzywacz 和 Marks	2000	相对于男性而言，女性通常获得更多的工作对家庭的增益
心理资本	李志勇等	2011	心理资本通过对工作—家庭促进的正向影响提高生活满意度
角色认同	Wayne 等	2005	个体对家庭和工作的认同感与工作—家庭增益正相关
工作层面变量			
工作总体特征	Grzywacz 和 Butter	2005	当工作具有更多丰富性和自主性时，工作—家庭增益更有可能发生
微观工作系统	Marks 等	2000	工作时间、决策权、工作压力会显著影响工作—家庭增益
团队资源	Hunter 等	2010	团队资源与工作—家庭增益具有积极的关系

续表

个体层面变量			
工作投入、角色资源	Siu	2010	工作投入、上级支持、组织支持和同事支持与工作—家庭增益正相关
家庭支持氛围	Wayne 等	2006	家庭支持氛围与工作—家庭增益正相关
职业成长	陈亚勤和张博	2012	职业成长通过对工作—家庭促进的积极预测作用提高员工的工作态度
上级支持	Baral 和 Bhargava	2009	以印度的管理者为样本，上级的支持对管理者的工作—家庭增益有积极作用
非工作层面变量			
微观家庭系统	Grzywacz 和 Marks	2000	工作—家庭增益受微观家庭系统（如子女基本情况）的影响
家庭支持	Wayne 等	2006	家庭支持与工作—家庭增益正相关

目前，工作—家庭增益的相关研究中关注性别差异的研究较少（Greenhaus and Powell，2006）。但已有理论观点认为工作—家庭增益与结果变量的关系对于女性而言更强烈，因为女性对其工作角色有更多的选择（Van Steenberge，Ellemers and Mooijaart，2007）。Shockley 和 Singla（2011）通过对工作—家庭增益研究的元分析发现，工作—家庭增益与工作满意度之间的正相关关系对女性而言更明显，而家庭—工作增益与家庭满意度的正相关关系对女性而言更明显。

2. 工作—家庭增益的结果变量

本书将工作—家庭增益的结果变量分为工作相关的结果变量和非工作相关的结果变量，如表 2-4 所示。其中 McNall（2010）的一项元分析表明，工作—家庭增益对工作相关变量的影响更明显，家庭—工作增益对非工作相关变量的影响更明显，而个体的身心健康同时受两者的显著影响。

表 2-4 工作—家庭增益的结果变量

分类	变量	作者	年份	结论
与工作有关的结果变量	工作满意度	Cardenas 和 Major	2008	工作—家庭增益对工作满意度有显著的积极影响
	情感承诺	Wayne 等	2006	工作—家庭增益能增进员工的情感承诺，降低离职倾向
	离职倾向			
与工作无关的结果变量	家庭满意度	Hennessy	2007	工作—家庭增益对家庭满意度和生活满意度有积极影响
	生活满意度	Dyson-Washington	2006	工作—家庭增益不但能提高个体的生活满意度，而且对个体的心理（生理）健康有积极影响
	心理（身体健康）			
	关系质量	Garei 等	2009	工作—家庭增益能提高同事间的关系质量
	心理抑郁	张伶等	2013	工作—家庭促进在心理授权与工作抑郁之间具有中介作用
		Haar 等	2008	工作—家庭增益能够降低离职倾向和心理抑郁水平

五、工作—家庭增益与工作—家庭支持氛围的关系研究

研究发现，作为工作—家庭冲突的重要前因变量（Anderson，Coffey and Byerly，2002；Thomas and Ganster，1995；Thompson et al.，1999），工作—家庭支持氛围对相关结果变量的研究已有不少，但是很少研究检验工作—家庭支持氛围对工作—家庭增益的影响（Gordon et al.，2007；Wayne et al.，2006）。

Higgins 等（1992）指出，"工作结构对家庭生活有很大影响，组织在做工作环境方面的决策时应该意识并考虑到这些决策对个体家庭结果的影响"。有研究表明，工作—家庭支持氛围与家庭状态（如家庭成员表现、家庭满意度和家庭福利等）有关（Frone et al.，1997）。

Wayne 等（2006）和 Behson（2005）一致认为，虽然组织的家庭支持制度对员工的工作—家庭增益具有显著的积极影响，但是非正式的家庭支

持往往比正式的支持更具效果。Peeters 等（2009）以来自不同组织的 516 名员工为样本，探索到工作—家庭增益能部分中介工作—家庭支持氛围对员工工作投入的影响。Gordon 等（2007）以 50 岁以上女员工为样本，发现工作—家庭支持氛围能提高员工的工作—家庭增益，但不能显著影响员工的家庭—工作增益。

我国仅有两篇文章研究工作—家庭支持氛围对工作—家庭增益的影响。朱农飞和周路路（2010）在我国情境下，发现工作—家庭支持氛围能通过工作—家庭增益的中介作用对员工的离职倾向和组织承诺产生间接影响。栾敏娜（2008）研究发现，家庭友好计划能通过员工的工作—家庭增益提高其满意感和组织承诺。

支持性的工作—家庭支持氛围是组织为员工提供的一种支持性资源（Voydanoff，2005），在 Greenhaus 和 Powell（2006）的工作—家庭增益模型中，资源的形成和保存是支持工作—家庭增益过程的一个重要条件（Greenhaus and Powell，2006）。在工具性路径中，个体的家庭角色或工作角色能直接受益于其履行的工作角色或家庭角色。在情感性路径中，这一资源的转移则会受到个体的积极情感的中介作用。然而，到目前为止，从工作—家庭增益的角度考察工作—家庭支持氛围对相关结果变量的作用机制的研究仍然很少（Peeters et al.，2009）。Kinnunen 等（2005）曾提出，"我们不知道组织支持的积极效应如何转化为个体的福利，比如，有可能是通过感知的工作—家庭冲突或工作—家庭增益在支持性的组织措施和个体的福利间起到中介作用"。

六、工作—家庭增益的研究述评

随着积极心理学的兴起（Snyder and Lopez，2002），研究者开始以积极的眼光看待工作和家庭之间的关系，逐渐关注工作角色和家庭角色之间的积极影响。学者们陆续以不同的表述和理论模型诠释工作和家庭的积极关系，其中最经典的是 Greenhaus 和 Powell（2006）的研究。随后有研究陆续探讨工作—家庭增益的影响因素，但是已有研究很少从工作—家庭支持氛围的角度探索其对工作—家庭积极关系的影响。也有研究发现，工作—家庭增益可以起到组织相关支持与个体结果之间关系的桥梁作用（Gordon, Whelan-Berry and Hamilton, 2007; Thompson and Prottas, 2006）。Peeters 等（2009）发现，工作—家庭增益在工作支持与个体倦怠感之间起中介作用。他们呼吁后续学者更多探索工作—家庭增益的中介作用。然而，到目前为止，从工作—家庭增益的角度考察工作—家庭支持氛围对相关结果变量的作用机制的研究仍然很少（Peeters et al., 2009）。

工作—家庭增益的提出意味着学者们从积极的角度看待工作和家庭关系，由于研究者看待两者积极关系的层次和实现程度的侧重点不同，他们提出了多个工作—家庭增益的发生机制模型，Wayne 等（2007）和 Grzywacz 等（2007）提出工作—家庭增益在系统层次的发生机制，而 Greenhaus 和 Powell（2006）则指出工作—家庭增益在个体层次上的形成路径。

同工作—家庭冲突一样，工作—家庭增益也具有双向性，并且有着不同的前因和后果。学者们对工作—家庭增益的前因变量的划分也是按照工作层次变量、非工作层次变量和个体层次变量进行的，并初步得到了一些结果，如个体层面的人格特质、角色认同等，工作层面的工作特点、职业发展等，家庭层面的家庭特点等会促进工作—家庭增益的发生。其结果变量可以分为工作相关变量、非工作相关变量和健康相关变量，其中工作相关变量受工作—家庭增益的影响较明显，非工作相关变量受家庭—工作增益的影响较明显。虽然学者们意识到工作—家庭增益具有双向性，两者具有不同的前因和后果，但对工作—家庭增益的前因和结果的探索上，学者们对其中的调节变量研究不足。此外，作为工作—家庭关系的两个方面，工作—家庭冲突和工作—家庭增益是非对立而又相互联系的，但是将这两个构念整合起来的相关研究较少，由于两者的相互联系较强，因此两者可能会对相关结果变量产生交互影响。

第五节　工作—家庭侵入的相关研究

一、工作—家庭侵入的概念与维度

角色过渡（role transition）指个体的心理和身体在不同角色间的转换。角色过渡可以分为宏观角色过渡（macro role transitions）和微观角色过渡（micro role transitions）。微观角色过渡指个体在日常生活中的角色间频繁地来回转换，如每天早晨当员工离家上班时，从父母或配偶的角色过渡到员工的角色，当下班回家后，又从员工的角色过渡到父母或配偶的角色。宏观角色过渡指个体更具偶然性和持久性的角色间转换，例如：工作中的晋升，个体的角色由普通职工转变为基层主管；家庭中子女的降生，个体的角色由配偶晋级为配偶和父母。本书中关注的是日常的微观角色过渡，如远程办公、在办公室接听配偶电话、在家处理工作相关的邮件。

角色过渡的前提是某个既定角色具有一定的边界，而角色边界的设立就为该角色设定了领域。从一个领域过渡到另一个领域对某些个体来讲很困难，因为他们可能倾向扩大不同领域间的差异，从而造成了角色过渡过程的困难（Ashforth and Humphrey，1995）。已有实证研究发现，个体进行频繁的角色间过渡会引发这些角色间的冲突（Desrochers，Hilton and Larwood，2005）。

工作—家庭侵入（work family transition）[①] 属于微观角色过渡，工作—家庭侵入对解释工作—家庭关系及其对个体的影响有重要意义。研究者把工作—家庭侵入理解为工作边界和家庭边界的弹性和渗透性的综合体现（Ashforth et al.，2000；Clark，2000）。边界渗透性指的是一个角色允许个体身在此角色但是心在彼角色的程度，如个体能在工作时接听家人的电话。在 Ashforth 等（2000）的研究基础上，Matthews 和 Barnes-Farrell

---

[①] 考虑到如果将"work family transition"直译为"工作—家庭过渡"，在字面上无法表达出工作和家庭相互侵入彼此领域的意思，所以本书将其翻译为"工作—家庭侵入"。

(2006)提出工作—家庭侵入属于领域间过渡,并将工作—家庭侵入操作化定义为个体在身体上和认知上从一个领域到另一个领域过渡的次数。Kreiner 等(2009)提出了工作—家庭边界的工作模型,即工作边界是哪里(例如,行为动作),工作—家庭边界被定位为边界管理过程的重要组成部分。Matthews 等(2010)基于 Kreiner 等(2009)的模型,在工作—家庭侵入的构念基础上提出了工作—家庭侵入的测量定义。

与工作—家庭增益相似,工作—家庭侵入也分为工作—家庭侵入(work-to-family transition)和家庭—工作侵入(family-to-work transition)两种方向。依据 Matthews 和 Barnes-Farrell(2006)对工作—家庭侵入的操作化定义,工作—家庭侵入衡量的是个体在身体上和心理上从家庭角色中过渡到工作角色的程度,如在家接听同事电话、在家处理工作相关的邮件、在周末加班等。家庭—工作侵入衡量的是个体在身体上和心理上从工作角色过渡到家庭角色的次数,如因为家里有事而上班迟到,牺牲上班的午休时间去处理家里的问题,在工作时间接听家人的电话。

根据 Matthews 和 Barnes-Farrell(2006)、Matthews 等(2010)的研究,本书中将工作—家庭侵入操作化定义为个体在家庭领域时受到工作侵占的程度。该定义的前提是工作和家庭之间边界明确,一旦个体在家庭领域里处理工作相关事务,则视为工作对家庭的侵入。

二、工作—家庭侵入的相关实证研究

Clark(2002)提出工作—家庭边界理论,并且发现工作—家庭边界的高弹性和低渗透性意味着低程度的工作—家庭侵入,此时的工作—家庭冲突水平也低。Rau 和 Hyland(2002)则发现工作—家庭侵入和工作—家庭冲突的相关性会受到员工偏好的影响,他们发现,员工偏好标准的朝九晚五工作安排还是偏好弹性时间取决于他们当前体验到的工作—家庭冲突水平。当员工体验到的工作—家庭冲突水平较高时更偏好弹性工作安排,而当员工体验到的工作—家庭冲突水平较低时更喜欢朝九晚五的工作时间安排。

Ewards 和 Rothbard(1999)以大学教职工为研究对象,发现个体偏好

工作—家庭支持氛围影响机制的实证研究

的工作—家庭边界分离程度及其与实际的工作—家庭边界分离程度的匹配度会显著预测个体相关的结果，两者之间良好的匹配度会预测更积极的结果，如工作满意度和家庭满意度。他们也发现，当个体偏好工作—家庭边界高度分割并且两者也确实如此时，个体所获得的积极结果要大于偏好工作和家庭低度分割而实际也如此的个体的积极结果。

Kreiner（2002）的研究结论也证实了上述研究结果。Kreiner（2002）从工作—家庭边界模糊（work family boundary blurring）的角度提出工作—家庭侵入的根本前提，他认为，当个体的工作—家庭边界越模糊，工作—家庭侵入的水平越高。同年，Desrochers 等（2002）开发了衡量工作—家庭边界模糊程度的量表并实证研究发现，工作—家庭边界越模糊，个体会体验到更多的工作—家庭冲突。

Ahrentzen（1990）发现，家庭工作者的工作领域和家庭领域没有空间和时间的边界，因此报告了更多的工作—家庭的角色冲突和角色重叠（role overlap），但是当他们在家庭中有独立的工作场所并能高效管理工作时间和家庭时间时会报告更少的工作—家庭冲突。这从一定程度上解释了边界理论的观点，保持工作—家庭边界更能使个体获得更好的结果。

但近年来，研究者关于工作—家庭侵入对个体影响的研究出现不一致的结论。有的研究认为，工作—家庭侵入意味着个体成功整合了工作领域和家庭领域，从而能有效管理互相竞争的角色需求（Gajendran and Harrison，2007），而有的学者仍然支持工作—家庭侵入意味着角色冲突增加的观点（Olson-Buchanan and Boswell，2006；Voydanoff，2005）。当个体经历工作—家庭侵入时，也就是说常常要在家庭领域中解决和处理工作领域的事情时，个体就会感知到工作对家庭的干扰；而当个体经历家庭—工作侵入时，也就是说常常在工作领域中解决和处理家庭领域的事情时，个体就会感知到家庭对工作的干扰。

工作—家庭侵入除了会导致工作—家庭关系方面的消极结果外，也会对个体的态度、情绪等造成负面影响。例如，高水平的工作—家庭侵入会导致工作满意度的降低（Bruck et al.，2002）。Hammer 等（2004）的跨层次研究结果表明,工作—家庭侵入与工作压力、心理症状之间有显著的相关关系。

值得一提的是,个体体验到的工作—家庭侵入比家庭—工作侵入更明显(Aryee,Fields and Luk,1999),工作—家庭侵入的相关研究也较多。Eby等(2005)发现,工作中的紧张、压力、冲突和虐待管理都与工作—家庭侵入有关。Byron(2005)和Ford(2007)的研究也表明,与工作有关的因素(如工作时间、工作压力、工作投入、工作支持)与工作—家庭侵入具有高度相关性。

三、工作—家庭侵入的研究述评

基于工作—家庭边界理论(Clark,2000),工作和家庭之间边界的渗透性和弹性决定了个体对工作和家庭的整合程度;个体对工作和家庭的整合程度越高,意味着个体在工作和家庭之间的角色转换越频繁,越频繁的角色转换越容易导致个体的角色间冲突。

员工的工作边界和家庭边界的弹性和渗透性决定了工作—家庭侵入的深度与广度。基于工作—家庭边界理论,工作和家庭之间的边界模糊可能会使个体的角色间过渡更频繁,从而更容易导致角色间产生冲突。工作—家庭侵入是体现工作和家庭的边界模糊的重要概念,衡量了个体在履行家庭角色(工作角色)时受到工作领域(家庭领域)相关事务打扰的程度。个体的工作—家庭边界越模糊,工作—家庭侵入的水平越高(Kreiner,2002)。虽然Desrochers等(2002)开发了衡量工作—家庭边界模糊程度的量表并实证研究发现,工作—家庭边界越模糊,个体就会体验到更多的工作—家庭冲突,但是这仍然没有受到后续学者的重视,工作—家庭侵入的相关实证研究仍然不足。

第六节 心理契约的相关研究

一、心理契约的概念

心理契约最初由Argyris(1960)提出,他认为,员工与组织之间存在经济契约之外的、非正式的隐性契约，这种契约是心理的契约。但是 Argyris（1960）仅仅提出这样的概念，Levinson 等（1962）明确将其定义为组织与员工之间的非明文化的相互期望，并将心理契约引入管理领域。后来 Levinson 被称为"心理契约之父"，以纪念他在心理契约的概念发展上的贡献。

Kotter（1973）和 Schein（1980）从广义上将心理契约界定为"时刻存在于员工与组织的没有明文规定的约定，约定中指明了在彼此关系中双方的期望"。以上学者普遍认为，心理契约是任何时候都广泛存在于组织中各层级间、各成员间的没有正式书面说明的心理期望，而且具有双向性：组织对个人的期望和个人对组织的期望，心理契约是维系组织和个人良好关系的重要纽带。

Rousseau 等（1990）基于更现实的角度提出了不同的观点，她们提出，因为组织本身没有认知，心理契约应从员工的单向关系去理解。但是在实际操作中，组织的代言人往往会加入个体主观因素对员工提出期望，并不代表组织的真实期望。从实际的操作层面上讲，心理契约的以下定义更为合理，即在组织与员工的雇佣关系存在的前提下，员工基于承诺和感知形成的关于组织与自身对彼此责任和义务的感知。

学术界对心理契约概念的争论不断，一直持续到 20 世纪 90 年代形成了两大学派。

一派是以 Rousseau（1990）、Robinson（1994）、Morrison 和 Robinson（1997）为首的"Rousseau"学派，该学派从更现实的角度，认为心理契约是基于员工单向的认知和理解，这种理解包含了员工对自身和组织应该付出什么和得到什么的相关责任和义务的承诺和感知。但是，个体的心理契约的内容又会因人而异，因为不同个体的价值观、个性等不同，对组织应承担义务的内容和需求也不同，因此每个个体的心理契约内容互不相同，也与书面的合同内容不同。

另一学派是以 Herriot 和 Pemberton（1997）为代表的古典学派，古典学派从更为原始和保守的角度看待心理契约，他们遵循心理契约最初的构想，坚持心理契约是个体和组织之间两方的互动关系，在实际操作中，心理契约的组织一方主要通过其"代理人"来研究。他们同时认为，心理契约的形成是社会交换过程、谈判和互相讨价还价的交互循环。当仅仅考虑员工单方的问题，而忽略了组织的存在时，那么极其容易犯极端错误，从而对心理契约的理解和全面研究产生不利影响。

国内学者于20世纪末开始对心理契约进行本土化的研究，大量研究基于我国文化背景对心理契约的概念等进行了本土化界定。

较为典型的是，陈加洲等（2001）从双边关系的角度将心理契约定义为雇佣双方对雇佣关系中彼此对对方期望的一种主观心理约定，而这个约定是隐性的、不成文的相互责任。李原和郭德俊（2002）将国内学者对心理契约的研究历程进行了总结和归纳，并在此基础上对心理契约的基本性研究（如概念、特点和类型等）进行了系统研究。曹威麟等（2007）运用思维科学的逻辑方法，探讨了心理契约的形成机制，并构建了达成心理契约的动态循环模型。张玮等（2008）也从雇主与员工的心理契约的动态性及其影响因素的角度探讨了心理契约的构建问题。

以上对心理契约的概念中，无论是"Rousseau"学派还是古典学派，其出发点都是认为心理契约是未明文化的无形协议，而这一协议是双方基于雇佣关系产生的对彼此责任和义务的理解，以及履行彼此责任和义务后期望获得报酬的总和。古典学派从心理契约最原始的意思出发，基于个体和组织双边关系界定心理契约，但是在实践中找不到合适的"组织的代表"，所以在现实应用上难以获得重大突破。"Rousseau"学派从员工心理契约这一单边关系来进行研究，因为员工是真实存在的，从员工的视角展开研究更具可操作性。目前为止，两种视角的研究同时在进行，由于狭义的心理契约界限明确，易于操作，所以基于狭义心理契约定义基础上的研究远远多于广义心理契约定义基础上的研究。

本书的心理契约以"Rousseau"学派的狭义的心理契约概念为基础，定位于员工层面，即从员工视角来看待组织的责任和员工的责任。本书将心理契约界定为在组织与员工的雇佣关系中，员工所感知到的彼此为对方提供的责任和义务。

二、心理契约的内容和维度

1. 心理契约的内容

由于心理契约的概念不统一,学者们对心理契约所包含的具体内容也莫衷一是,同时由于心理契约的内隐性和主观性、动态性,不同的员工和雇主的需求也有差异,更增加了对心理契约的内容范围界定的难度。Kotter(1973)还指出,随着时代背景和社会条件的不同,心理契约的内容也不同。

Rousseau(1990)通过对129名MBA毕业生的实证调查,发现8项员工责任包括:紧急情况下额外延长工作时间、服务本组织期间不产生离职念头、自觉执行工作以外的任务、打算离开本组织时要提前告知组织、自愿服从组织的工作安排等。

Robinson、Kraatz和Rousseau(1994)从员工的角度,认为组织应该提供多彩多样的工作内容、明晰公正的职业通道、具有竞争力和吸引力的薪资待遇、优越舒适的工作环境、便利先进的办公工具等。

以上学者都是从员工主观认为的角度来界定心理契约中组织责任的内容,Herriot(1997)则以组织的代言人——管理者代表组织,通过对184名管理者和184名员工访谈,发现心理契约中的组织责任为:培训、公平、人性化、等值的薪水、公平的福利、工作保障、工作灵活性、安全的工作环境、工作自主权;而员工责任为:守时、务业、诚实、忠诚、爱护资源、体现组织形象及互助。

之后学者考虑到心理契约的可操作性,开始转向从员工角度对心理契约的组织责任内容进行界定。比较有代表性的是Porter和Pearce(1998)的研究,他们以4家公司的51名主管和339名员工作为调查对象,发现了9项组织责任:公然的赏识、绩效奖励、有挑战性的工作、发展机会、自主负责、至少一年的工作保障、加薪、员工参与决策、决策中考虑员工利益。

2. 心理契约的维度

由于心理契约的概念不统一,学者们对于心理契约的维度也有不同的划分,目前对心理契约的维度划分的研究结果主要分为三类:二维结构说、三维结构说和其他学说。

（1）二维结构理论。

陈加洲等（2001）在 Rousseau 的二维结构说的基础上，通过对我国 1000 多名企业员工进行调查，发现心理契约中的组织责任和员工责任均包含类似交易契约与关系契约的两个因子，考虑到中国传统氛围的影响，他们将这两个因子分别命名为现实责任和发展责任。

（2）三维度模型。

Shapiro 和 Kessler（2000）则从心理契约中组织责任的角度出发，提出了心理契约的三维度模型，包括交易责任、培训责任和关系责任三个维度。

朱晓妹和王重鸣（2005）从心理契约的广义方面理解，通过对我国知识型员工的调查研究，发现我国情境下的心理契约中的组织责任和员工责任与西方结果都有所不同。其中，组织责任包括物质激励、环境支持和发展机会三个维度，而员工责任包括规范遵循、组织认同和创业指导三个维度。组织责任具体包括工作挑战、晋升机会、学习培训、稳定工作、合作氛围、信任尊重、竞争薪酬、绩效工资、福利待遇等。员工责任具体包括工作职责、遵守章程、支持决策、长期任职、认同目标、勇于创新、合理建议、提高技能等。

李原（2006）结合我国的氛围特点和社会背景，根据我国情境下心理契约的具体实践，将心理契约划分为规范性维度、人际性维度和发展性维度三个维度，并得到了实证结果的支持。

目前对于心理契约的维度还有其他的划分方法，例如，Rousseau（1995）的四维度模型、Shore 和 Barksdale（1998）的四维度模型、Freese 和 Schalk（1996）的五维结构理论等。综上可知，目前国内外学者对心理契约的维度还没有形成一致的结论。

三、心理契约的特点

尽管学者们对心理契约的概念和维度划分存在着不一致的结论，但是对心理契约所具有的特征的认同渐趋一致。

1. 心理契约具有主观性

从心理契约的概念上来看,心理契约是以承诺、信任等主观内容为基础而建立的信念(Rousseau,1989),个体对组织和自身的责任和义务的主观期望组成了心理契约。然而个体对组织的主观期望会因个体及个体需求的差异而不同,因此,心理契约更体现了一种信念和关系,而每个个体对于这种关系都有自己特定的体验和见解(袁冬梅,2009)。

2. 心理契约具有动态性

因为心理契约具有很强的主观性,任何有关组织工作方式、工作环境等的变更,都会对心理契约产生影响。因此个体会因为组织环境的改变而改变原有的对组织承诺的信念。Porter(2000)研究发现,当员工在组织中服务的时间越长,那么员工与组织的感情越深厚,要求组织应尽的义务和责任的广度和深度要求越高。

3. 心理契约具有员工特有性

因为组织本身没有感知,所以心理契约表达了员工对于自身和组织之间责任的信念(Levinson et al., 1962; Rousseau, 1989)。虽然近年来有学者强调组织的代理人(如领导者)可能会代表组织表达员工与组织之间责任的期望,但是实际上组织代理人其实并不是真实的立约人,所以并不能代表组织的真实期望,所以学者一致认为心理契约是员工独有的(McLean and Kidder, 1994; Robinson et al., 1994)。Rousseau(1989)因此指出:组织虽然是交换关系的另一方,但其本身无法构建与其成员之间的心理契约,只能为心理契约的构建提供一个环境。即使组织的管理者或代言人可以感知到其与员工之间的心理契约并能对此做出相应的回应,但组织本身仍无法"感知"。

四、心理契约的动态形成过程

Rousseau(1995)认为,心理契约的形成受到个体自身和组织内外部环境因素的影响,尤其强调个体信息加工和个体特质对心理契约形成的影响。个体因素包括性别、年龄、教育背景、家庭背景、工作经历与年限等;个体特质包括个性特征、心理编码、职业动机、工作价值观、责任意识等个体相关特点；组织外部环境指社会线索，包括社会氛围、社会规范、社会道德和相关法律制度等环境；组织内部环境包括组织的规章制度、组织的员工手册、组织的外部形象等环境。心理契约的形成过程如图2-2所示。

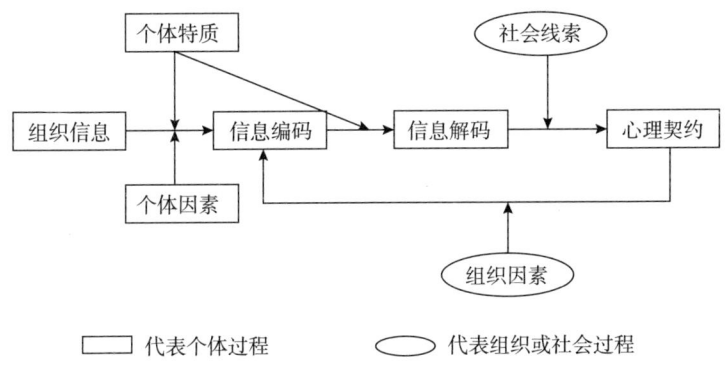

图 2-2　心理契约的形成过程

资料来源：Rousseau D. M. Psychological contracts in organizations：Understanding written and unwritten agreementi［M］. London：Sage，1995.

图 2-2 中的相关信息、个体特质等共同影响个体的心理和认知，从而影响其对信息的加工，因此具有很强的主观性，这对心理契约的形成有更大的影响。这一过程是个体对组织提供的信息进行认知和加工的过程，员工能够形成对其相互责任的一种认知。同时，心理契约的形成受社会线索和个体特质的影响，也会受到组织因素（如组织的规章制度、组织氛围等因素）影响而被重新修正直至稳定。随之学者研究发现，心理契约的形成过程是一个动态过程。例如，杨杰等（2003）认为，心理契约的形成是一个不断修正的动态循环过程。

Rousseau（2001）将心理契约的形成划分为四个不同的阶段，并指出每个阶段的心理契约的内容不同。心理契约的形成阶段可以分为雇用前阶段（pre-employment）、招聘阶段（recruitment）、早期社会化阶段（early socialization）和后期经历阶段（later experiences），这四个阶段的心理契约的具体内容都会对下一阶段的心理契约的发展带来影响，如表2-5所示。

表 2-5　心理契约形成的各阶段包括的具体内容

雇用前阶段 pre-employment	招聘阶段 recruitment	早期社会化阶段 early Socialization	后期经历阶段 later Experiences
职业化规范关于组织的理念	积极承诺的互换双方搜索积极信息	继续承诺的互换双方对信息的评估	继续承诺互换双方搜索不积极的信息组织精简社会化过程对现有心理契约的修正

资料来源：作者整理。

雇用前阶段是组织与员工建立心理契约的最初阶段，员工已经拥有关于工作、职业和组织的最初信念，但会寻求和整合新的信息以便更好地理解组织与员工的关系。此时双方对彼此的信息都有一个过滤和评估的过程，也是日后履行承诺的关键点。当进入招聘阶段后，组织和员工就相互的权利、义务和利益关系等信息进行深入沟通，从而使得组织和员工双方就各自的承诺和期望有进一步的相互了解。此时组织和员工都开始深入搜索双方积极的信息，以便双方彼此了解和信任。早期社会化阶段是员工适应组织的过程，员工会在此阶段收集新信息并将信息进行比较和验证，这一阶段会直接关系员工对组织的信任程度。当进入后期经历阶段，组织和员工会根据互动的质量和外部环境的影响作出反应，组织开始精简社会化过程，员工则修正现有的心理契约并趋于稳定。

五、心理契约违背的概念和形成机制

1. 心理契约违背的概念

心理契约状态包括三种：履行、破裂和违背。学者们对心理契约违背的界定存在一定的分歧。Robinson 和 Morrison（1995）认为，心理契约违背是员工在认知层次上的概念，是员工对于组织未能履行心理契约中的义务的认知，这个定义反映了员工对所获得的与被承诺的义务的心理度量。

Morrison 和 Robinson（1997）认为，契约违背产生的认知评价与情感反应是明显不同的，他们对两个概念进行了区分，将心理契约破裂定义

为，员工对于组织未能履行其在心理契约中承诺的义务的认知评价，这种评价基于员工对组织承诺的内容与实际提供的内容的比较。心理契约违背是一种当员工通过比较后发现组织没能履行心理契约后产生的情绪体验，如失望。

Morrison 和 Robinson（1997）对心理契约违背的概念澄清为研究者们对心理契约违背的后续研究做出了概念上的统一，并且得到了研究者的一致认同。尽管 Morrison 和 Robinson（1997）认为，心理契约破裂和心理契约违背是两个相关但内涵完全不同的概念，然而，在现有的研究文献中，这两个相关的概念仍然常常被混用（Zhao et al.，2007）。

2. 心理契约违背的形成机制

关于心理契约违背的形成过程，最具代表性的分别是 Morrison 和 Robinson（1997）、Turnley 和 Feldman（1999）提出的理论模型。

Morrison 和 Robinson（1997）比较全面地阐述了心理契约违背形成的过程，他们认为，心理契约未履行会产生相应的认知评价与情感反应，并将它们划分为三个阶段，并且每一个阶段都受到个体认知的影响，如图 2-3 所示。

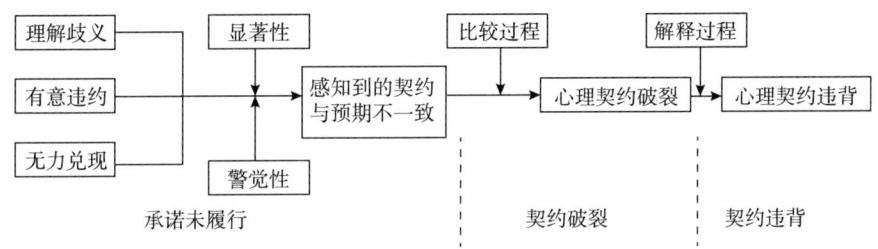

图 2-3　心理契约违背的动态发展模型

资料来源：Morrison E.，Robinson S. When employees feel betrayed：A model of how Psychological contract violation develops [J]. Academy of Management Review，1997（22）：112.

第一个阶段是承诺未履行阶段，组织未履行承诺可能由于无力履约，也可能由于不愿履约，也可能由于组织与员工对承诺的理解存在差异，这些都直接造成员工感知到的心理契约与预期的心理契约之间的不一致,同时这个过程也受员工认知加工的影响,如显著性和警觉性。第二个阶段是契约破裂,这一阶段是员工通过比较过程对组织的承诺未履行在感知上的结果。第三个阶段是契约违背,在这个阶段员工通过解释过程的认知,对组织承诺未履行做出最后的心理定论。

Turnley 和 Feldman（1999）的差异模型解释了心理契约违背的三种重要影响因素：期望源、违背要件和差异特征,如图 2-4 所示。"期望源"产生于组织代言人做出的承诺、员工对组织氛围和规范流程的感知。"违背要件"包括培训与发展、晋升机会等。这些要件对不同员工的价值是有差异的。"差异特征"包括许诺与实现的差异、许诺与实现的时间差、差异原因等。

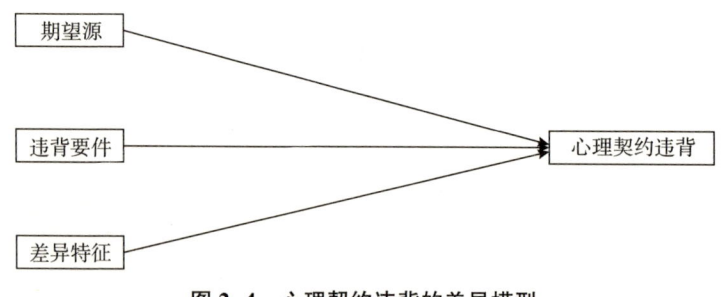

图 2-4　心理契约违背的差异模型

资料来源：Turnley W. H., Feldman D. C. The impact of psychological contract violations on exit, voice, loyalty, and neglect [J]. Human Relations, 1999, 52 (7): 895-922.

六、心理契约违背的相关实证研究

以往学者从以下三个方面探索心理契约违背与其他变量的关系：一是心理契约违背的影响因素即前因变量（Antecedents）；二是心理契约违背所导致的结果即结果变量（Outcomes）；三是影响心理契约与前因（结果）变量之间关系的因素即调节变量（Moderators）。

1. 前因变量

对心理契约违背的前因变量的研究至今并不多见,可以从个体角度和组织角度划分心理契约违背的影响因素。

（1）个体角度的影响因素。

Robinson（1996）发现，心理契约破裂会降低员工对公司的信任，导致员工不会履行在公司应尽的职责。

Edwards 等（2003）通过对具有依赖组织意识的员工和具有依赖自我意识的员工的比较发现，具有依赖组织意识的员工更容易产生心理契约违背的认知。

袁勇志和何会涛（2010）基于社会交换理论，通过对我国 342 名员工的实证研究表明，组织支持感对心理契约违背具有显著负向影响。同时，这个研究也揭示了组织政治知觉调节领导成员交换关系和组织支持感与心理契约违背的作用关系。

（2）组织角度的影响因素。

Martin 等（1998）通过研究员工心理契约的满足条件，首先提出培训可以降低员工的心理契约违背。

2. 结果变量

目前国内外学者对心理契约违背的研究主要聚焦在心理契约违背的结果上。心理契约违背导致的员工态度总的来说包括员工满意度、信任感、组织承诺、离职倾向等；关于心理契约违背导致的员工行为的研究较为成熟，总结起来包括离职、工作绩效等。

Robinson 和 Rousseau（1994）研究发现，员工的心理契约违背会导致员工对组织的失望，从而导致工作满意度、信任感和忠诚度的降低。此外，Kickul 和 Lester（2002）、Raja 等（2004）发现，心理契约违背与员工组织忠诚负相关，与员工离职率正相关。

陈学军等（2011）实证研究发现，心理契约违背对上级支持感存在显著负向影响，并且上级支持感在关系型契约违背与员工组织认同公民行为的关系中起着中介作用。

Robinson（1996）和 Turnley 等（2003）发现，员工的心理契约违背会导致员工的离职行为和渎职行为，同时会导致忠诚度的降低。Turnley 和

Feldman（2000）研究发现，心理契约违背能降低员工的职内绩效和组织公民行为，而且心理契约违背对雇员的组织公民行为的预测强度大于其他变量。

3. 调节变量

综合目前已有的研究，情景变量分为主观和客观两类。主观调节变量从员工自身角度出发，包括员工公平感、年龄等；客观调节变量以组织实践和劳动力市场条件为主，包括劳动力市场的可雇用性等。

在主观调节因素方面，Turnley 和 Feldman（1999）指出，个体的认知对心理契约违背与员工反应之间的关系有调节作用，每个人对公平的感知不同，因此个体的公平感和程序公正感也会对个体的心理契约违背与相关结果产生影响。一般而言，当个体对公平（公正）的感知越强烈，个体感知到的心理契约违背对自身的消极影响越大（Kickul and Lester, 2001；Turnley and Feldman, 2000）。晋升愿望也是心理契约违背与员工反应之间的另一个调节变量，那些晋升愿望比较强烈的员工更容易认知到心理契约违背（Robinson and Rousseau, 1994）。

Robinson（1996）发现，信任与心理契约违背之间的关系很明显，因为信任作为先前的积极态度，可以减少员工心理契约违背认知的可能性。雇用初期对组织的信任与违背成反比，因此员工会因为组织信任对违背的认知较小，做出组织公民行为的可能性越大（Robinson and Morrisin, 1995）。袁勇志和何会涛（2010）研究认为，中国特有的组织政治知觉调节领导成员交换关系和组织支持感与心理契约违背的作用关系。

Chen 等（2008）研究发现，与传统价值观低的员工相比，传统价值观高的员工表现出较高的情感承诺、组织公民行为以及工作绩效。

学者们对心理契约违背的客观调节因素的研究较少。Turnley 和 Feldman（2000）发现，个体的可雇用性、对组织的信任水平等是心理契约违背与离职的调节变量。

综上，目前心理契约违背的相关实证研究如表 2-6 所示。

表 2-6 心理契约违背的相关变量

		研究内容	学者（年份）
前因变量	组织角度	组织培训	Martin 等（1998）
		组织公正	魏峰等（2006）
	个体角度	对组织的原始信任	Robinson（1996）
		心理契约破裂、归因、公平感	Robinson 和 Morrison（2000）
		员工的依赖意识	Edwardsl 等（2003）
		组织支持感、领导—成员交换	袁勇志和何会涛（2010）
		心理契约破裂	Cassar 和 Briner（2011）
结果变量	员工态度	工作满意度	Robinson 和 Rousseau（1994）；Raja（2004）；Teklead（2005）
		组织忠诚度	Bunderson（2001）；Lester（2002）；Raja（2004）
		组织承诺	Kickul（2001）；Cassar 和 Briner（2011）；Restubog 等（2009）；Ng 和 Feldman（2008）；Bal 等（2008）
	员工行为	信任感	Robinson 和 Rousseau（1994）
		组织公民行为	Raja（2004）；余琛（2007）；Henderson 等（2008）；陈学军等（2011）；Chen 等（2008）；Turnley 和 Feldman（2000）
		离职行为和渎职行为	Robinson（1996）；Turnley（2003）
		离职倾向	Turnley 和 Feldman（1999）；Lo 和 Aryee（2003）；Zhao 等（2007）
		职内绩效	Turnley 和 Feldman（2000）
		管理者行为	李燚 等（2006）；李燚和魏峰（2007）

续表

研究内容			学者（年份）
调节变量	主观调节变量	晋升愿望	Robinson 和 Rousseau（1994）
		信任	Robinson 和 Morrisin（1995）
		情感	Turnley 和 Feldman（1998）
		公平感知	Kickul 和 Lester（2001）
		未满足期望	Robinson（1996）
		程序公正感知	Turnley 和 Feldman（2000）
		传统价值观	Chen 等（2008）
		年龄	Bal 等（2008）；Ng 和 Feldman（2008）
		组织政治知觉	袁勇志和何会涛（2010）
		工具性信念	Hui 等（2004）
		组织支持	沈伊默和袁登华（2007）；Zagenczyk 等（2011）
	客观调节变量	劳动力市场上的可雇用性、违约的外部不可控因素	Turnley 和 Feldman（2000）

七、心理契约违背的研究述评

通过以上文献回顾，我们发现，心理契约的概念提出较早（Argyris，1960；Levinson et al.，1962），心理契约描述了员工和组织的关系，具体而言，描述了员工关于他们应该"给予"组织什么和从组织中"得到"什么的信念。但是有关这种互惠和交换性质的雇佣关系所导致的员工和组织结果的实证研究却是近十几年才发展起来的（Guest，1998；Herriot，Manning and Kidd，1997）。

当员工感知到组织承诺的组织责任与组织实际履行的不相符时，心理契约违背就发生了（Robinson and Rousseau，1994；Robinson，1996），心理契约违背会导致气愤、背叛、怨恨等负面情绪，进而导致员工的工作动机的降低、不满意感的产生、忠诚感的丧失和离开组织的倾向（Rousseau，

1989；Robinson and Morrison，1995；Turnley and Feldman，1999）。研究发现，导致心理契约违背的原因包括巨大的组织变革，如裁员等组织因素。

本书认为心理契约违背的研究存在很多值得进一步研究的问题。

心理契约一直是描述组织—员工关系的典型代表，随着员工对工作—家庭平衡的重视，学术界也开始关注工作—家庭关系与心理契约构建之间的关系。通过文献阅读发现，已有研究探索到心理契约违背在个体工作相关变量（如工作时间）和工作满意度、组织承诺、离职倾向等个体相关结果之间的中介作用（Milward and Hopkins，1998；Guest and Conway，1997）。近年来，Sutton 和 Griffin（2004）、Tekleab 等（2005）实证研究发现，心理契约可以解释工作条件和工作支持对员工的工作态度、离职和工作绩效的影响机制。工作—家庭增益作为组织支持员工家庭的体现，是否也可以用心理契约解释其对个体相关结果的影响机制，这个问题不得而知。

心理契约违背的研究受价值观、社会文化环境的影响，西方的雇佣关系强调规则、法治，而中国的雇佣关系则强调社会规范、人治，因此中西方文化背景下心理契约的内部结构也会有所不同。Lee 等（2000）通过对中国香港和美国的本土员工进行对比，发现中国香港员工更注重心理契约中的关系维度和团队维度。所以，西方文化背景下的研究成果并不能直接应用于中国企业。此外，Restubog 等（2008）认为，社会交换理论并不能解释所有的现象。因此有必要从新的理论视角（如激励理论、工作—家庭关系理论、企业文化理论等）进行综合研究。

第七节　离职倾向的相关研究

一、离职倾向的影响因素研究

离职倾向反映了员工的一种态度，是员工计划离开当前组织的行为倾向。导致员工离职的原因有很多，其中包括劳动力市场的状况、家庭的搬迁、组织管理制度、心理契约违背等，为避免员工离职行为带来的成本损失，有必要对离职倾向进行研究。

目前研究主要集中于探索离职倾向的影响因素，主要是研究影响离职的关键因素或离职发生的过程模型，主要的影响因素包括个性、工作倦怠、组织依附等因素，而离职倾向导致的结果则主要是离职行为。

有关离职倾向的前因变量的研究可以追溯到20世纪70年代，Mobley（1977）从理论上提出了描述雇员离职决策过程的启发式模型，该模型列出了从工作不满意到离职行为之间可能存在的中介变量，他的研究为离职倾向的研究奠定了理论基础。

在Mobley（1977）之后，大量学者对离职倾向的前因变量进行了实证探索，并进行了不同的分类。影响离职倾向的原因可以分为组织因素和个人因素，也可以分为工作关系因素、经济机会因素和个人因素（Muchisky and Morrow，1980）。

国内关于离职倾向影响因素的研究起步较晚，符益群、凌文辁和方俐洛（2002）在回顾国内外文献的基础上，把员工离职倾向的影响因素归结为个体因素、与工作相关的因素、组织特质因素、个体—组织适合性因素、外部环境因素、与态度和其他内部心理过程相关的因素六类。

总体而言，实证研究中离职倾向的影响因素主要集中于个体相关变量、组织相关变量和工作相关变量的探索。其中，个体相关变量包括个体性格、工作满意度（Kim et al.，2005）、组织承诺（卢嘉等，2001）、沟通能力（张艳红等，2010）等；组织相关变量包括组织氛围（Barak and Levin，2006）、组织嵌入（Holtom et al.，2004）等；工作相关变量包括工作嵌入（Crossly et al.，2007）、工作负荷（Pomaki and DeLongis，2010）、工作稳定性（Emberland and Rundmo，2010）、工作特征（任慈等，2009）。

学者们一致认同离职倾向对离职行为有直接的影响，但学者们也发现这一影响过程也会受一些情境变量的影响。例如，Allen等（2005）研究发现，当个体的自我管理能力越强，越趋向风险规避，那么该个体越不容易产生离职的念头；Kirschenbaum和Weisberg（1994）研究了职业搜寻、离职倾向和离职行为的关系,当员工职业搜寻行为的主动性越高,离职倾向越能显著预测离职行为。

二、工作—家庭支持氛围与员工离职倾向的相关关系研究

目前,国内外对工作—家庭支持氛围和员工的离职倾向的相关关系的实证研究较为少见。Wayne 等(2006)发现,支持家庭的组织氛围会对员工的离职倾向直接产生影响,也会通过增加员工的工作—家庭增益间接降低员工的离职倾向。他们发现,支持家庭的组织氛围体现为三种维度,即更多的管理支持、更少的时间要求和更少的消极职业结果,而这三种维度都可以促进员工的工作—家庭增益,而来自家庭的支持包括家庭的工具性支持和情感性支持两种形式,这两种形式可以促进员工的家庭—工作增益。最后的结果是,工作—家庭增益和家庭—工作增益都会显著降低员工的离职倾向。

目前,国内只有两个关于对工作—家庭支持氛围与离职倾向的研究,朱龙飞和周路路(2010)在中国情境下对 Wayne 等(2006)的研究结论进行了跨情境验证,并在中国情境下证实了 Wayne 等(2006)的发现。栾敏娜(2008)按照 Wayne 等(2006)对工作—家庭支持氛围的三种维度的划分,发现工作—家庭支持氛围的管理支持维度对家庭友好计划和工作—家庭增益之间的关系具有中介作用,进而影响到员工的工作满意感和情感承诺;工作—家庭支持氛围的时间要求维度和对职业发展的影响维度对家庭友好计划与工作—家庭增益之间的关系起到调节作用。

三、心理契约违背与员工离职倾向的相关关系研究

国内外学者对心理契约违背与员工离职倾向的相关关系研究较为成熟,一致认同心理契约违背对员工的离职倾向具有正向影响。心理契约违背不但会直接导致员工的离职倾向(Kickul, Lester and Finkl, 2002),也会通过组织信任、组织公平感、期望不满足感等中介变量间接导致员工的离职倾向(郁朝阳,2007;Robinson, 1996)。Turnley 和 Feldman(1999)

在对大量实证研究进行总结的基础上提出了心理契约违背—行为反应模型,该模型也明确指出,在心理契约违背发生后,员工的离职反应是必然的行为反应之一。

第八节 心理抑郁的相关研究

一、心理抑郁概述

抑郁作为一种较常见的消极情绪状态,是由各种原因引起的以抑郁为主要症状的一组心境障碍或情感性障碍,如失望、焦虑、紧张。Leon(1988)从心理学角度把抑郁定义为不能正常处理生活压力的结果,核心是情绪失调,表现为一系列身心不适症状,包括心理沮丧、无价值感、无助与绝望感、躯体活动水平下降等。时勘和王筱璐(2008)提出了员工抑郁症状的概念,当员工处于高工作要求或者负性工作环境时,就会经历一般心理障碍、紧张、疲劳和工作倦怠,最终持续恶化成更为严重的精神疾病。

综合以上定义,心理抑郁是指工作场所中的员工的"抑郁症状",即具有抑郁的表现但水平未达到抑郁症的程度(刘巧,2013),考察的是工作场所中员工兴趣减退甚至丧失、对前途悲观失望、无助感、精神疲惫、生活或生命无意义感、自我评价下降等。如果抑郁症状发展到一定程度并且持续时间较长,则会严重损害自身的健康、工作、学习和生活。大量的研究表明,个性、遗传、外界环境、人际交往、认知等都会导致抑郁(Hankin and Abramson, 2001)。

二、心理抑郁的影响因素研究

目前,从管理学探索心理抑郁的影响因素的相关研究较少,最常见的是Barlow和Durand(1995)提出的素质—压力模型,为心理抑郁的发生机制提供了理论基础,该模型基于人—环境匹配理论,认为外部环境的负面因素和个体内心的易感性共同决定个体的心理抑郁的发生。例如,Iwata等

（2013）指出，个体的心理压力是诱发个体抑郁的重要因素。Sanguanklin 等（2014）以泰国女性为样本，发现工作压力是导致心理抑郁的显著预测变量，而当个体受到来自家庭和工作场所的支持时，心理抑郁水平会显著降低。Murray 等（1996）认为，员工的心理不平衡是造成员工心理抑郁的重要方面。王筱璐（2009）基于中国情境，提出可以从以下四个方面探索员工心理抑郁的诱导因素：工作低投入感、工作不满意感、工作倦怠和组织不公平感。蒋奖等（2012）认为，工作场所受欺负的存在可能会损害员工心理健康和工作满意度，使其抑郁程度加深、工作满意度下降。骆宏等（2005）认为，当员工具有高工作需求与低工作控制感时，极易产生心理抑郁。陶沙（2006）以334名大学生为研究对象，发现个体的一般结果期待倾向（分为乐观倾向和悲观倾向）对心理抑郁产生显著影响。

三、心理契约违背与心理抑郁的相关关系研究

心理抑郁反映了个体的失望、挫折、压力等负面情绪，以往学者没有直接探索心理契约违背对心理抑郁的影响，而是探索了员工感知到心理契约违背后对个体情绪的影响。这种情绪是失望及愤怒的综合体，一般来自于期望未获满足（Morrison and Robinson，1997）。Robinson（2001）认为，员工感知到组织违背心理契约后的情绪是引起后续工作行为反应的关键因素。因为基于公平交换理论，当员工认为组织实际履行的责任义务与当初承诺的责任义务的差距越大，那么员工感知到的心理契约违背越强烈，而强烈的心理契约违背感是引起负面情绪反应的关键因素（陈铭薰、方妙玲，2003）。

第九节　对以往研究的述评

学术上对员工的离职倾向和心理抑郁的问题早有探讨。研究发现，员工的离职倾向的影响因素主要集中在两大方面：一方面强调客观因素，如组织方面的组织氛围、组织嵌入、工作机会等，家庭方面的举家搬迁、工作—家庭相冲突等；另一方面强调主观因素，如个体成就感、工作满意

度、个性性格等。个体心理抑郁的影响因素的研究主要从临床医学和心理学的角度加以归纳,主要包括个体相关的因素和环境相关的因素。个体相关的因素包括遗传因素、性格因素等;环境相关的因素包括社会环境因素、生活或工作中的重大变故,如被解雇、亲人亡故、财产重损等。虽然以上影响因素都能从一定程度上解释员工的离职倾向和心理抑郁,但是这些答案似乎并没有揭示出能够影响员工离职倾向和心理抑郁的全部因素,尤其是从员工的工作—家庭关系角度探索员工离职倾向和心理抑郁的影响因素的研究在理论界相对匮乏。

以往学者从角色冲突理论、角色累积理论、边界理论等不同视角解释了工作—家庭之间的关系,对工作—家庭关系的认知也从最初的冲突转变为现在的冲突、平衡、增益、促进共存。在工作—家庭关系的早期研究中,研究者注意到组织实施的家庭友好政策可以帮助员工平衡多种角色(Thomas and Ganster, 1995)。后来又有学者提出将组织的工作—家庭支持氛围纳入到这一研究的范围内。因为研究者已经认识到工作—家庭支持氛围作为组织提供的软性资源对员工的表现的影响比正式的支持政策更重要,但是以往的研究主要从减少工作—家庭冲突的角度探讨工作—家庭支持氛围对员工和组织的影响。

虽然学者们已经认识到工作—家庭之间的正向关系的存在,并初步提出了一些理论模型(Greenhaus and Powell, 2006),学者们在实证研究方面更多关注的仍是工作和家庭冲突,而较少关注工作—家庭增益方面。一方面可能是由于工作和家庭积极关系的概念仍然没有统一,学者们基于不同的研究层面(个体和系统)对工作和家庭的积极关系提出了不同的定义——积极溢出、促进、增益、丰富等。另一方面可能由于对工作和家庭积极关系的关注是近年来才开始的,无论是概念还是测量量表都有待统一和完善,因此学者们对工作和家庭积极关系的研究仍然少于工作和家庭消极关系的研究。

工作和家庭积极关系中最受关注的是工作—家庭增益,尤其随着Greenhaus 和 Powell(2006)在 AMR 上发表了一篇文章《当工作和家庭成为联盟：一个工作—家庭增益的理论》，为学者们对工作—家庭增益的研究提供了强健的理论模型。目前学者们对工作—家庭增益的研究已经取得了初步成果，学者们发现工作—家庭增益如同工作—家庭冲突一样，工作—家庭增益也具有双向性，并且有着不同的前因和后果。学者们也初步验证了工作—家庭增益对个体和组织都有积极的影响。

到目前为止，从工作—家庭增益的角度考察工作—家庭支持氛围对相关结果变量的作用机制的研究仍然很少（Peeters et al., 2009）。Mauno 等（2005）曾提出"我们不知道组织支持的积极效应如何转化为个体的福利，比如，有可能是通过感知的工作—家庭冲突或工作—家庭增益在支持性的组织措施和个体的福利间起到中介作用"。

心理契约的提出使学者们发现维系员工与组织关系的纽带除了正式的雇佣契约外，还存在非正式的契约。心理契约是员工与组织之间交换关系的反映，并且这种心理契约比正式的雇佣契约更能维系两者之间的关系。以往国内外相关研究更多的是考察心理契约与其结果变量之间的关系，对心理契约的影响因素尤其是组织角度的影响因素的研究并不多见，多集中于个体层面上的影响因素，但组织层面的影响因素对个体的心理契约违背具有更重要的现实意义。此外，虽然研究者意识到组织可以通过对员工的工作和家庭的支持来建设和维护组织与员工之间的心理契约，但是学术界很少将对员工的家庭支持作为建设心理契约的有效途径，因而没有将其纳入到心理契约的影响因素中。

以往学者对心理契约违背的形成过程提出了不同的形成模型，也探索了心理契约违背的影响因素，却少有研究探索这些影响因素对心理契约违背的具体影响机制，而个体层面和组织层面的影响因素不一定会直接导致员工的心理契约违背。员工的心理契约违背是在员工的主观认知的基础上形成的，同样的组织政策，对于不同的员工有不同的效果，因此组织层面的影响因素（如工作—家庭支持氛围）对员工的心理契约的影响更是会受到许多情境因素的影响，因此有必要探索组织层面的影响因素（如工作—家庭支持氛围）对心理契约违背的具体的作用机制。

第三章 理论模型与研究假设

第一节 理论模型构建

一、模型的理论基础

本书整体框架构思的理论来源于社会交换理论（Homans，1958）。社会交换理论能深入地解释员工与组织之间的社会交换关系。基于社会交换理论，参与社会交换的双方都会对各自的回报和成本进行估计，从而决定他们的行为和双方的关系质量（Blau，1964）。组织与员工也在不断地进行社会交换，双方会对自己的付出和回报作出评价，并会评估彼此的付出与回报之间的平等性，评估结果决定双方的后续反应。当组织为满足个人的目的和动机提供的激励能满足员工的需要时，员工将继续与组织目标保持协作，做出贡献。如此，组织的支持与员工的反馈形成良性的"反馈环"。本书理论模型的主线正是基于这一思想。

此外，本书理论模型中调节变量的提出是基于工作—家庭边界理论（Clark，2000）。基于工作—家庭边界理论，工作和家庭的边界具有渗透性。渗透性指工作（家庭）领域的元素进入家庭（工作）领域的程度。当工作和家庭之间的边界具有高渗透性时（如个体经常把工作带到家庭中），意味着工作—家庭的边界模糊，而模糊的工作—家庭边界容易导致个体角色间的冲突。

二、模型的推演和形成

员工的离职倾向和心理抑郁分别成为现代职场中最典型的负面态度和

负面情绪。尤其在双职工家庭大量涌现和女性大举涌入劳动力市场的现实背景下，工作和家庭之间的关系成为影响个体态度和情绪的关键因素。这样，我国企业就面临着一个严峻的挑战，即在追求利益最大化的同时，需要采取一定的措施帮助员工实现工作和家庭之间的平衡，避免因工作和家庭关系的不和谐而导致员工的离职倾向和心理抑郁等负面影响。

理论上对员工离职倾向和心理抑郁的问题早有探讨。研究发现，员工离职倾向的影响因素主要集中在两大方面：一方面强调客观因素，如组织方面的组织氛围、组织嵌入、工作机会等，家庭方面的举家搬迁、工作—家庭相冲突等；另一方面强调主观因素，如个体成就感、工作满意度、个性性格等。员工心理抑郁的影响因素主要包括个体相关的因素和环境相关的因素。个体相关的因素包括遗传因素、性格因素等；环境相关的因素包括社会环境因素、生活或工作中的重大变故，如被解雇、亲人亡故、财产重损等。虽然以上影响因素都能从一定程度上解释员工的离职倾向和心理抑郁，但是这些答案似乎并没有揭示出能够影响员工离职倾向和心理抑郁的全部因素。

工作—家庭支持氛围反映了员工关于组织支持和帮助自身家庭生活的共同性感知，体现了组织对员工家庭需要的关心和帮助（Thompson et al.，1999）。Wayne等（2006）发现，组织的工作—家庭支持氛围对员工的离职倾向具有负向影响。但总体来看，国内外研究缺乏工作—家庭支持氛围对员工离职倾向的影响机制的探索。此外，现实中，工作—家庭关系对员工的心理抑郁等心理问题的影响日益显著，但是关于工作—家庭支持氛围影响员工心理抑郁的理论研究仍然匮乏。

心理契约是描述组织—员工关系的典型代表。心理契约违背是员工认为组织没能履行最初承诺后产生的一系列消极情绪，如生气、沮丧等。近年来，Sutton 和 Griffin（2004）、Tekleab 等（2005）实证研究发现，心理契约违背可以解释组织支持对员工的工作态度、离职和工作绩效的影响机制。工作—家庭支持氛围体现了组织对员工家庭的支持，是否也可以用心理契约违背解释工作—家庭支持氛围对员工离职倾向和心理抑郁的影响机制，这个问题不得而知。

随着积极心理学的兴起（Snyder and Lopez，2002），研究者开始以积极的态度看待工作和家庭之间的关系。基于角色累积理论和边界理论，Greenhaus 和 Powell（2006）提出了工作—家庭增益这一新概念，工作—家庭增益的提出将工作和家庭之间积极关系的研究推向了高潮。研究发现，工作—家庭增益可以起到组织相关支持与个体结果之间关系的桥梁作用（Gordon，Whelan-Berry and Hamilton，2007；Thompson and Prottas，2006）。然而，目前少有研究从工作—家庭增益的角度考察工作—家庭支持氛围对员工结果的作用机制（Peeters et al.，2009）。Kinnunen 等（2005）曾提出，"我们不知道组织支持的积极效应如何转化为个体的福利，比如，有可能是通过感知的工作—家庭冲突或工作—家庭增益在支持性的组织措施和个体的福利间起到中介作用"。

通过上述脉络梳理可以发现，少有研究从工作—家庭积极关系的角度考察员工离职倾向和心理抑郁的影响因素，更缺乏对其中的作用机制的深入考察。本书提出，组织支持性的工作—家庭支持氛围可以直接降低员工的离职倾向和心理抑郁，也可以通过降低员工的心理契约违背间接降低员工的离职倾向和心理抑郁；同时，工作—家庭支持氛围对员工心理契约违背的影响过程中，工作—家庭增益会起到中介作用，并且这个中介作用机制会受到工作—家庭侵入的情境化影响。具体的理论模型如图 3-1 所示。

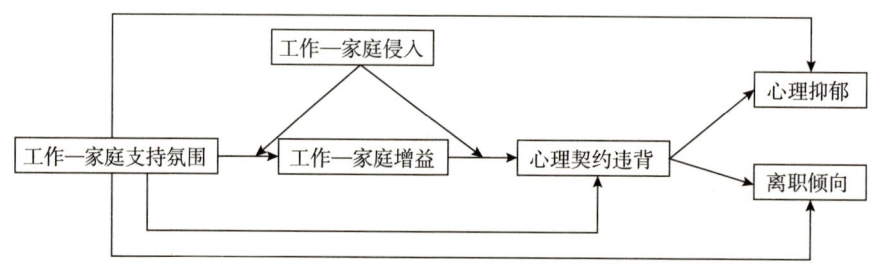

图 3-1　本书概念模型

概括起来，本书从四个基本目标出发，试图对工作—家庭支持氛围对员工离职倾向和心理抑郁可能的影响路径提出一个完整的思路。首先，我们检验工作—家庭支持氛围对员工离职倾向和心理抑郁的直接效应；其次，我们探讨心理契约违背对工作—家庭支持氛围与离职倾向和心理抑郁之间关系的中介效应；再次，我们探讨工作—家庭增益对工作—家庭支持氛围与心理契约违背之间关系的中介效应；最后，我们研究工作—家庭侵入对工作—家庭支持氛围—工作家庭增益—心理契约违背的调节效应。在上述四个研究目标的基础上，我们将分别提出理论假设，并在调研数据的基础上对所提假设进行检验，从而为我国企业管理员工的态度和情绪提供理论上和实践上的指导。

第二节 研究假设

一、工作—家庭支持氛围对离职倾向和心理抑郁的主效应

工作—家庭支持氛围是组织氛围的一种，是关于组织对员工整合工作和家庭生活的支持和重视程度的共同的假设、信念和价值观，反映了组织支持和帮助员工平衡工作和家庭之间关系的程度（Thompson et al., 1999）。西方学者关于工作—家庭支持氛围对个体相关结果的影响做了定量和定性研究。Mauno 等（2011）、Kinnunen 等（2005）、Mesmer-Magnus 和 Wisvesvaran（2006）通过对工作—家庭支持氛围相关研究的定性考察，发现个体感知到的工作—家庭支持氛围对个体态度具有较强的预测作用。更多学者从实证的角度证实了组织的工作—家庭支持氛围的积极影响。例如，Mauno 等（2005）发现，支持性的工作—家庭支持氛围可以缓解个体应对工作和家庭的双重角色需求下的心理压力。也有学者发现，组织的工作—家庭支持氛围可以使员工感受到组织的重视和关心，从而提高对组织的承诺（Eby et al., 2005；Wayne et al., 2006）和工作满意感（Mauno et al., 2011），并更加依附于组织（Wu et al., 2011），降低离开组织的意愿（Wayne et al., 2006）。

国内对工作—家庭支持氛围的相关研究较少，朱农飞和周路路（2010）以 674 名企业员工为样本，发现工作—家庭支持氛围可以降低我

国员工的离职倾向。栾敏娜（2008）研究发现，员工的满意度和组织承诺会受到支持家庭的组织文化的正向影响。

除了上述实证研究，工作—家庭支持氛围对个体态度的影响在理论上也得到支持。基于社会交换理论，参与社会交换的双方都会对各自的回报和成本进行估计，从而决定他们的行为和双方的关系质量（Blau，1964）。对于员工而言，这意味着员工会根据他对组织的奉献和组织给予的回报做出成本—收益分析。组织的支持性的工作—家庭支持氛围催化了组织与员工之间积极的社会交换关系，而这种积极的交换关系会激励员工以更积极的工作态度和工作行为回报组织。

离职倾向反映了一定时期内个体想要离开当前组织的主观态度，通常作为衡量个体对组织的心理依附程度的指标。与实际的离职不同，离职倾向变量并非二分变量。此外，离职倾向更少地受到外生因素的限制，因此能更精确、更有效地反映个体对组织的态度。具体到本书所要探讨的工作—家庭支持氛围与离职倾向间的关系，已有学者进行了实证检验，并且对工作—家庭支持氛围降低员工的离职倾向的重要性已有了共识（Wayne，2006）。需要指出的是，由于本书重在探索工作—家庭支持氛围对离职倾向的影响机制，所以本书将工作—家庭支持氛围与离职倾向间的关系作为一个基础假设提出，由此提出假设：

假设1a：工作—家庭支持氛围与离职倾向具有负相关关系。

心理抑郁是现代职场人士最大的心理健康问题。学者们从临床医学的角度对心理抑郁的影响因素的研究较多，从管理学和社会学的角度对员工心理抑郁的影响因素的探索较少。Weinberg和Creed（2000）、Stansfeld等（1999）研究发现，工作中的支持对员工的心理健康具有积极影响。Mino等（1999）研究发现，高度的角色需求对个体的心理健康具有重要影响，当工作和家庭对个体的角色需求较多时，个体更容易产生消极情绪，特别是抑郁、焦虑等消极情绪。由此推论，当员工在工作中获得较多的组织支持以缓解工作对自身的角色需求时，员工体验到的消极情绪会有所缓和。

Karasek（1979）的工作需求—控制模型同样可以解释工作场所中个体

心理抑郁的影响因素。工作需求—控制模型又称为工作压力模型（Job Strain Model），Karasek（1979）提出，工作情境中的心理工作需求（如工作时间等）和自主决定范围（如技能决策力等）可以独立对情绪健康产生影响，也可以交互对情绪健康产生影响。Dorsch 和 Eaton（2000）通过实证检验支持了 Karasek 的这一说法。Johnson 和 Hall（1988）在 Karasek 提出的工作压力模型的基础上增加了另外一个维度——社会支持维度，成为"工作需求—控制—支持"模式（简称 JDCS 模式），其中社会支持维度包括同事和领导支持等。Stansfeld 等（1999）和 Sanne 等（2005）研究发现，当组织在工作中给予员工高度的支持时，这侧面体现了工作需求的降低和工作自主性的提高，这些情景可以缓解员工的心理健康问题，特别是抑郁和焦躁不安等症状。可以推论，组织支持性的工作—家庭支持氛围意味着组织对员工家庭生活的支持和帮助，从而使员工有更多的工作自主性以应对工作和家庭对员工的角色需求，降低员工由于角色高负荷而引发的消极情绪，如心理抑郁。据此，我们提出假设：

假设 1b：工作—家庭支持氛围与心理抑郁具有负相关关系。

二、心理契约违背在工作—家庭支持氛围与离职倾向和心理抑郁之间的中介作用

1. 工作—家庭支持氛围与心理契约违背之间关系的假设

工作—家庭支持氛围衡量了员工关于组织对其家庭角色的支持程度的整体性的感知（Allen，2001），是组织支持的一个方面。已有研究发现，组织支持对员工的心理契约实现（破裂）具有显著的预测作用（Morrison and Robinson，1997；Coyle-Shapiro and Conway，2005；Dulac et al.，2008）。此外，研究发现，当组织给予员工非工作支持时，员工对于组织履行责任程度的评价会更积极（Aselage and Esenberger，2003；Coyle-Shapiro and Conway，2005；Jepsen and Rodwell，2010）。Coyle-Shapiro、Morrow 和 Kessler（2006）通过实证检验，发现组织支持对组织承诺具有正向影响。Dulac 等（2008）发现，组织支持对心理契约违背具有负向影响。除此之

外,Taylor 等(2009)发现,工作和家庭支持的有效性对心理契约公平具有显著的正向影响。在本书中,工作—家庭支持氛围反映了组织对员工家庭生活的支持,员工会把这种关心当作心理契约的一个方面,这将会促进员工与组织之间的积极关系,降低员工的心理契约违背。

综上,提出假设:

假设 2-1:工作—家庭支持氛围与心理契约违背具有负相关关系。

2. 心理契约违背与离职倾向和心理抑郁之间关系的假设

国内外学者一致认同心理契约违背对员工的离职倾向具有正向影响(Deery et al., 2006;姚传飞,2011)。研究发现,心理契约违背不但会直接导致员工的离职倾向(Kickul, Lester and Finkl, 2002),也会通过员工相关态度和情感(如组织信任、组织公平感)等中介变量间接诱发员工的离职倾向(郁朝阳,2007;Roboniosn,1996)。Turnley 和 Feldman(1999)在对大量实证研究总结的基础上提出了心理契约违背—行为反应模型,该模型也明确指出,在心理契约违背发生后,员工的离职反应是必然的行为反应之一。

综上,提出假设:

假设 2-2a:心理契约违背与离职倾向具有正相关关系。

根据心理契约违背的定义(Robinson and Morris, 2000),当员工感知到组织没有履行曾经的承诺时,就会体验到心理契约破裂。由于心理契约是在双方互相信任的基础上建立的,心理契约的破裂就会导致员工有背叛的感觉和负面情绪,这种由于心理契约破裂而导致的情感状态被定义为心理契约违背。Robinson(2001)认为,员工知觉到组织违背心理契约后会产生强烈的负面情绪体验,如员工会感到被欺骗、失望、厌世等,而这些负面情绪体验会造成员工的情绪低落,直接导致员工的心理抑郁。

据此,提出假设:

假设 2-2b:心理契约违背与心理抑郁具有正相关关系。

3. 心理契约违背在工作—家庭支持氛围与离职倾向和心理抑郁之间作用的假设

心理契约违背是员工与组织之间交换过程中的重要中介变量,可以解释工作条件和工作支持对工作态度、离职和工作绩效的影响（Robinson，1996；Sutton and Griffin，2004；Tekleab，Takeuchi and Taylor，2005）。工作—家庭支持氛围体现了组织对员工家庭生活的关心和重视，隶属于组织对员工的工作支持，那么我们可以推论，心理契约违背可以作为工作—家庭支持氛围与员工态度等结果变量的中介变量。

社会交换理论同样可以解释心理契约违背在工作—家庭支持氛围与员工相关结果之间的中介作用。基于社会交换理论（Blau，1964），当个体感知到组织为平衡自身的工作和家庭提供帮助和支持时，个体会对组织产生满足感和满意感，因为是组织促进了自身工作—家庭积极关系（Wayne et al.，2006）。当个体认为组织履行了支持和帮助平衡工作与家庭的承诺时，他会以积极的工作态度和工作情绪回报组织。这在一定程度上增进了自身与组织之间的雇佣关系，降低了离职倾向和心理抑郁（Guest and Conway，1998）。

综合以上论述和假设1a、假设1b、假设2-1、假设2-2a、假设2-2b，提出假设：

假设2a：心理契约违背在工作—家庭支持氛围与离职倾向之间起到中介作用。

假设2b：心理契约违背在工作—家庭支持氛围与心理抑郁之间起到中介作用。

三、工作—家庭增益在工作—家庭支持氛围与心理契约违背之间的中介作用

1. 工作—家庭支持氛围与工作—家庭增益之间关系的假设

工作—家庭增益表明个体同时参与工作角色和家庭角色会导致积极的结果，Greenhaus和Powell（2006）指出，个体从外部环境中获得的资源对工作—家庭增益的形成具有重要影响。个体在工作中获得的支持可以视为一种能使个体产生积极情感的资源，而这种资源又能提高个体在家庭领域的生活质量（Grzywacz and Marks，2000），因此来自工作领域的支持可能

是工作—家庭增益主要的前因变量。Higgins 等（1992）指出，"工作结构对家庭生活有很大影响，组织在做工作环境方面的决策时应该意识并考虑到这些决策对个体家庭结果的影响"。有研究表明，工作—家庭支持氛围与家庭状态（如家庭成员表现、家庭满意度和家庭福利）有关（Frone et al., 1997）。组织对个体的家庭生活的支持主要通过正式途径和非正式途径，正式途径主要指家庭友好计划，非正式途径指组织的工作—家庭支持氛围等软性支持。Behson（2005）研究发现，与正式途径相比，组织支持员工家庭的非正式途径对员工结果的影响更显著，也就是说，组织的工作—家庭支持氛围比组织实施的家庭友好政策和福利更能促进员工的工作—家庭增益。Wayne 等（2006）通过研究证实了 Behson 的观点，他们认为，虽然组织的家庭支持制度对员工的工作—家庭增益具有显著的积极影响，但是非正式的家庭支持往往比正式的支持更具效果。

Thompson 等（1999）认为，工作—家庭支持氛围表达了组织帮助员工平衡工作和家庭的内隐性规范，这种规范更能使员工产生组织是真正支持他们的感知，从而产生积极情感，而这种积极情感又能进一步提高他们的家庭生活质量。Friedman 和 Greenhaus（2000）提出，支持性的环境不但为员工提供诸如时间、弹性和建议等资源，还为员工提供心理资源，如自我接纳。当个体感觉组织在真正支持和帮助他平衡工作和家庭时，会打消他因使用组织的支持政策而产生的职业发展顾虑。因此组织的工作—家庭支持氛围会促进员工在工作中的积极情感，而这种积极情感又会对员工的家庭产生正向影响。实证研究也表明，当员工感知到工作中的支持时，其满意度显著提升（Carlson and Perrewe，1999），进而其家庭幸福感也会提高（Frone, Yardley and Markel，1997），而这些都是工作—家庭增益的表现。Gordon 等（2007）以 50 岁以上女员工为样本，通过实证研究发现工作—家庭支持氛围对员工的工作—家庭增益具有积极影响。

综上，支持性的工作—家庭支持氛围意味着组织重视员工的家庭生活、关心员工家庭成员的福利，而这些体现了组织对员工的家庭提供了帮助和支持，使得员工从工作中获得更多的经验、建议、积极情感来提高家庭生活的质量（Wayne et al.，2006），从而形成工作—家庭增益。

据此，提出假设：

假设 3-1：工作—家庭支持氛围与工作—家庭增益具有正相关关系。

2. 工作—家庭增益与心理契约违背之间关系的假设

心理契约体现了员工与组织之间的关系，包含了员工与组织之间的互惠交换的一系列信念（Rousseau，1989）。员工与组织之间的心理契约超出了两者之间的经济交换，反映了员工在自身与组织交换过程中对自己的付出和回报的相关期望，而组织承担着兑现这些期望的责任。员工期望组织除了给予与付出相对应的经济回报外，也承担着提供舒适的工作环境、各种支持、晋升和学习的机会以及其他无形福利的义务。当员工发现组织没有履行这些义务时，会从内心抱怨组织的失信，从而导致一种被背叛和不尊重的感觉（Morrison and Robinson，1997），从而引发了心理契约违背。心理契约违背是员工感知到组织没有兑现承诺和履行期望所产生的情绪反应，研究证实，心理契约违背对员工的满意度、不信任感和离职倾向有很强的预测作用（Robinson and Rousseau，1994；Zhao，Wayne，Glibkowski and Bravo，2007），并常常导致员工的紧张和忧虑（Robbins，Ford and Tetrick，2012）。

工作—家庭增益日益成为工作—家庭关系研究的热点之一。Greenhaus 和 Powell（2006）将工作—家庭增益定义为个体在扮演工作角色的过程中所获得的资源能促进个体的家庭绩效。以往学者研究发现，工作—家庭增益能促进员工与组织之间的关系。例如，Parker 和 Allen（2001）在一项调查中发现，员工普遍认为，"孩子是社会的必要组成部分，组织为孩子的培养提供必要的帮助是组织责任之一"。这表明，员工认为心理契约的内容包括组织为员工的家庭生活提供帮助，而当组织没能帮助和支持员工履行家庭角色时，员工会产生心理契约违背的感知。Lambert（2000）发现，员工感知到的工作—家庭之间的互益关系会促进员工的组织公民行为，如人际互助行为和建言行为。这是因为，组织承担相关责任以满足员工的家庭需要会促进工作—家庭增益（Gordon，Whelan-Berry and Hamilton，2007；

Thompson and Prottas，2006），这种增益增强了员工感知到的组织支持（Grover and Crooker，1995），员工则以更强烈的责任感和心理依附回报组织以增进两者的心理契约（Eisenberger et al.，1986）。

也有实证研究证实，工作—家庭增益对员工与组织之间的心理契约具有积极影响。Grover 和 Crocker（1995）发现，工作—家庭增益会影响员工的组织依附感，因为当员工认为组织重视并关心他们的福利时，员工对组织的心理依附感增强。因此，当员工认为组织为他们的家庭提供了支持和帮助时，他们会对组织产生积极情感并继续留任当前组织。反之，在员工认为组织应该为其家庭生活提供一定的支持的前提下（Parker and Allen，2001），当组织没有为员工的家庭提供必要的支持和帮助时，员工会认为组织没有履行契约责任。基于社会交换理论，员工期望与组织保持一种互惠或平衡的关系，当他们感觉组织没有履行契约责任时，就产生心理契约违背的感知（Rousseau and McLean，1993）。

综上，员工感知到的工作—家庭增益能促进员工与组织之间的心理契约，降低员工的心理契约违背的感知。据此，提出假设：

假设3-2：工作—家庭增益与心理契约违背具有负相关关系。

3. 工作—家庭增益在工作—家庭支持氛围与心理契约违背之间作用的假设

近年来研究发现，工作—家庭关系可以解释工作要求和工作支持对个体相关结果的影响机制（Baral and Bhargava，2010；Ford，Heinen and Langkamer，2007；McNall，Masuda and Nicklin，2010）。例如：Taylor 等（2009）发现，工作—家庭增益在组织支持与员工的心理契约之间起到中介作用；Peeters 等（2009）实证研究发现，工作—家庭关系在组织氛围与个体的疲劳感之间起到中介作用；随后 Dikkers 等（2005）也支持了 Peeters 等（2009）的结论，发现工作—家庭界面在支持性的氛围和工作满意度之间起部分中介作用。Peeters 等（2009）以来自不同组织的516名员工为样本，探索到工作—家庭增益能部分中介工作—家庭支持氛围对员工的工作投入的影响。国内研究中，唐汉瑛（2008）的研究也表明，组织的非正式工作—家庭支持可以通过促进工作—家庭增益，间接降低员工的离职倾向。

除了实证研究支持外，社会交换理论也为工作—家庭增益在工作—家庭支持氛围与心理契约违背之间的中介作用提供了理论支撑。基于社会交换理论，当员工感受到组织对家庭的支持时，他们相信自己是被关怀和爱护的，其价值是被尊重和肯定的，从而回报给组织更多的忠诚和工作热情。组织的工作—家庭支持氛围表明了组织对员工家庭生活的支持，从而提高了员工在家庭生活中的角色绩效（Scandura and Lankau，1997），员工则回报给组织更高的忠诚度和满意度，以及更高的心理契约公平感（Frone et al.，1997）。此外，组织提供的工作—家庭支持氛围为员工的家庭角色需求提供了一个灵活、人性化的反应，当员工感知到组织支持和帮助他们灵活处理家庭事务时，员工体验到了工作—家庭增益，从而会以高组织承诺和低离职倾向回报组织（Wayne et al.，2006）。

据此，提出假设：

假设 3：工作—家庭增益在工作—家庭支持氛围与心理契约违背之间起到中介作用。

四、工作—家庭侵入对工作—家庭支持氛围与工作—家庭增益之间关系的调节作用

基于工作—家庭边界理论（Clark，2000），工作和家庭之间边界的渗透性和弹性决定了个体对工作和家庭的整合程度；个体对工作和家庭的整合程度越高，意味着个体在工作和家庭之间的角色转换越频繁，越频繁的角色转换越容易导致个体的角色间冲突。

组织的工作—家庭支持氛围体现了组织对员工整合工作和家庭的支持和重视，使员工对工作边界和家庭边界的弹性和渗透性具有更多的主动性和控制性，从而促进工作和家庭之间的互益关系，减少两者之间的潜在冲突（Coyle-Shapiro and Conway，2005）。也就是说，组织的工作—家庭支持氛围意味着员工对管理他们的工作边界和家庭边界有更多的控制权和自主

权,以促进工作与家庭之间的增益(Kirchmeyer,1995)。但是,本书提出,工作—家庭支持氛围与工作—家庭增益之间的关系会受到现实中存在的但又往往会被忽略的情境变量的影响。

基于工作—家庭边界理论,工作和家庭之间的边界模糊可能会使个体的角色间过渡更频繁,从而更容易导致角色间冲突。工作—家庭侵入是体现工作和家庭的边界模糊的重要概念,衡量了个体在履行家庭角色时受到工作领域的相关事务打扰的程度。Kreiner(2002)研究结论也证实了上述研究结果,Kreiner 从工作—家庭边界模糊(work-family boundary blurring)的角度提出工作—家庭侵入的根本前提,当个体的工作—家庭边界越模糊,工作—家庭侵入的水平越高。同年,Desrochers 等(2002)开发了衡量工作—家庭边界模糊程度的量表并实证研究发现,工作—家庭边界越模糊,个体就会体验到更多的工作与家庭冲突。

当员工经历高度的工作—家庭侵入时,由于工作和家庭的物理边界和时间边界的模糊化,会造成员工的角色责任的模糊化(Kreiner,2002),进而导致员工体验到工作对家庭的干扰(Desrochers et al.,2002),从而降低了工作相关的资源对家庭生活的积极促进作用,即降低员工的工作—家庭增益。即使当组织创造了工作—家庭支持氛围,但是在实践中的工作—家庭侵入仍会使员工感觉到工作对其家庭生活的干扰、对自身时间和精力的剥夺,妨碍其履行家庭责任和降低其家庭生活质量,从而降低员工感知到的工作—家庭增益。由此可见,工作—家庭侵入会在一定程度上降低工作—家庭支持氛围对员工所体验到的工作—家庭增益的积极影响。

从某种意义上说,组织的工作—家庭支持氛围的核心职能是支持和关心员工的家庭需要,但是员工的工作边界和家庭边界的高渗透性和高弹性就意味着员工在家里经常处理工作相关的事务,从而导致员工的工作相关的情感和行为状态会影响到其家庭(Ilies,Wilson and Wagner,2009)。也就是说,工作和家庭边界的高渗透性和高弹性意味着员工经历更多的角色转换,如个体在周末处理工作相关的事务,但是由于个体的时间精力有限,个体往往无法实现完全的角色转换,从而导致个体感到工作对家庭的干扰（Clark，2000）。因此，即使组织为了促进员工的工作—家庭增益而营造了工作—家庭支持氛围，但日常实践中的工作—家庭侵入会在一定程度上降低工作—家庭支持氛围对工作—家庭增益的积极影响（Kreiner，2002）。

综上，提出假设：

假设4：工作—家庭侵入对工作—家庭支持氛围与工作—家庭增益之间的关系具有调节作用。

具体而言，当工作—家庭侵入水平较低，则工作—家庭支持氛围与工作—家庭增益之间存在较强的正相关关系；当工作—家庭侵入水平较高，则工作—家庭支持氛围与工作—家庭增益之间存在较弱的正相关关系。

五、工作—家庭侵入对工作—家庭增益与心理契约违背之间关系的调节作用

心理契约描述了员工和组织之间的关系，具体而言，描述了员工关于自身应该"给予"组织什么和从组织中"得到"什么的信念，心理契约是员工与组织交换的一个重要过程（Rousseau，1989）。员工普遍认为组织应该为其家庭生活提供一定的支持（Parker and Allen，2001），当组织提供的工作相关的资源能使员工更好地履行家庭角色时，员工会以饱满的工作热情和组织承诺回报组织。换言之，当员工体验到工作—家庭增益时，组织与员工之间的心理契约会进一步稳固。然而，当组织没能为员工的家庭生活做出积极帮助和必要支持时，员工感知不到工作—家庭增益，他会认为组织没能履行其契约责任，从而产生心理契约违背的感知。综合上述论证和假设3，我们可以得知，工作—家庭增益与心理契约违背具有负相关关系。

然而，日常实践中，工作—家庭侵入在一定程度上对工作—家庭增益与心理契约违背之间的关系具有调节作用。工作—家庭侵入从一定程度上反映了组织对员工的工作要求（Aryee，Fields and Luk，1999），高水平的工作—家庭侵入意味着组织需要员工经常在家庭中处理工作相关的事务，如在家接听同事或上司电话、周末被召回加班等，这与组织最初的承诺背

道而驰。Eby 等（2005）发现，工作—家庭侵入会造成员工工作中的紧张、压力和冲突。因此，即使当员工体验到工作中的一些资源（如经济报酬、经验等）会帮助提高员工的家庭生活质量，但日常实践的工作—家庭侵入会使员工在一定程度上感觉到组织没有完全履行组织责任（Rhoades and Eisenberger，2002；Zhang and Liu，2011），进而降低心理契约的质量，产生心理契约违背的感知。也就是说，工作—家庭侵入会降低工作—家庭增益对心理契约违背的消极影响。

综上，提出假设：

假设 5：工作—家庭侵入对工作—家庭增益与心理契约违背之间的关系具有调节作用。

具体而言，当工作—家庭侵入水平较低，则工作—家庭增益与心理契约违背之间存在较强的负相关关系；当工作—家庭侵入水平较高，则工作—家庭增益与心理契约违背之间存在较弱的负相关关系。

根据上述关系的梳理，本书提出了 12 个假设，研究假设总结如表 3-1 所示。

表 3-1 本书的研究假设汇总表

假设	假设内容
假设 1a	工作—家庭支持氛围与离职倾向之间具有负相关关系
假设 1b	工作—家庭支持氛围与心理抑郁之间具有负相关关系
假设 2a	工作—家庭支持氛围经心理契约违背部分中介，间接影响离职倾向
假设 2b	工作—家庭支持氛围经心理契约违背部分中介，间接影响心理抑郁
假设 2-1	工作—家庭支持氛围与心理契约违背之间具有负相关关系
假设 2-2a	心理契约违背与离职倾向之间具有正相关关系
假设 2-2b	心理契约违背与心理抑郁之间具有正相关关系
假设 3-1	工作—家庭支持氛围与工作—家庭增益之间具有正相关关系
假设 3-2	工作—家庭增益与心理契约违背之间具有负相关关系
假设 3	工作—家庭支持氛围经工作—家庭增益部分中介，间接影响心理契约违背
假设 4	工作—家庭侵入对工作—家庭支持氛围与工作—家庭增益之间的关系具有调节作用
假设 5	工作—家庭侵入对工作—家庭增益与心理契约违背之间的关系具有调节作用

第四章 研究设计

第一节 变量的操作性定义与测量

一、变量的操作性定义

1. 工作—家庭支持氛围

工作—家庭支持氛围（work-family climate）的内涵最早由 Thompson 等（1999）提出，组织中的工作—家庭支持氛围体现了组织对员工家庭需求的重视和支持，以帮助员工最佳地平衡工作和家庭。他们将工作—家庭支持氛围定义为员工对于组织重视员工家庭需求，支持员工整合工作和家庭的整体性信念和价值观。随后其他研究者对工作—家庭支持氛围的定义和操作化测量进行了讨论。Allen（2001）引入了支持家庭的组织感知（Family Supportive Organizational Perceptions，FSOP），将支持家庭的组织感知定义为员工感知到的组织的政策和制度支持其家庭角色履行的程度。Dikkers 等（2004，2007）总结出工作—家庭支持氛围的两个主要方面：支持和妨碍。支持指员工感知到的组织、直接主管和同事支持其整合工作和家庭生活的程度，妨碍指员工感知到的组织规章和期望（如时间期望和消极的职业结果）阻碍其工作和家庭平衡的程度。

以上研究者的定义虽不尽相同，但其共同点都包含组织对员工整合工作和家庭生活的支持程度。本书综合以上研究者的定义，并考虑到工作—家庭支持氛围这一变量是以员工自评的方式进行测量的，将工作—家庭支持氛围定义为员工感知到的组织对其家庭生活的支持和重视程度。

2. 工作—家庭增益

工作—家庭增益（work family enrichment）源于 Siber（1974）的角色累积假说，他认为个体存在角色间的积极溢出，而且这种积极溢出可能大于其角色投入造成的消极溢出。但随后研究者对这种角色间的积极溢出的研究侧重点不同，因此概念界定也并不一致，比较有代表性的是 Crouter（1984）提出的工作—家庭正向溢出（work family positive spillover）、Greenhaus 和 Powell（2006）提出的工作—家庭增益（work family enrichment）、Graywacz（2002）提出的工作—家庭促进（work family facilitation）。工作—家庭正向溢出侧重个体在工作（家庭）领域积累的经验（如情绪、技能、价值观和行为）可以在角色领域间正向转移，对家庭（工作）领域的角色表现产生积极影响；工作—家庭增益侧重个体在工作（家庭）领域取得的资源有利于提升在个体家庭（工作）领域的表现；而工作—家庭促进侧重个体参与工作（家庭）领域的角色所获得的资源可以提升个体的家庭（工作）领域的角色绩效。本书中采用的是 Greenhaus 和 Powell（2006）的工作—家庭增益的内涵。

工作—家庭增益可以分为工作—家庭增益（work-to-family enrichment）和家庭—工作增益（family-to-work enrichment）。工作和组织方面的相关因素更容易导致工作—家庭增益，家庭方面的相关因素更容易导致家庭—工作增益。基于本书重点从个体层面上考察员工从工作和组织中获得的经验、技能等对其家庭生活的积极影响，所以本书所指的工作—家庭增益特指工作对家庭的增益，即工作—家庭增益。按照 Greenhaus 和 Powell（2006）的观点，本书将工作—家庭增益定义为个体参与工作所获得的经验、技能、积极情感等资源对提高个体的家庭角色表现的贡献程度。

3. 心理契约违背

心理契约的内涵从广义层次讲，是组织和员工双方对彼此责任义务的认知与理解；从狭义层面上分析，则是指员工单方对于组织和员工双方彼此责任和义务的认知与理解（Rousseau and Tijoriwala, 1998; Rousseau, 1989, 1995）。考虑到心理契约的可操作性，本书的心理契约采用的是 Rousseau（1989）所界定的狭义内涵。

第四章 研究设计

当员工产生组织未履行心理契约的认知时，心理契约破裂和心理契约违背就出现了。心理契约破裂（psychological contract breach）和心理契约违背（psychological contract violation）都是反映员工认知到组织实际未履行契约状况的重要概念。

Morrison 和 Robinson（1997）对这两个相关但差异明显的概念进行了区分。他们提出，心理契约破裂是一种认知评价，心理契约违背是一种情绪体验，如愤怒、失望，这种情绪体验是在员工的心理契约破裂的基础上产生的，个体感觉自己受到不公平对待和在感情上受到伤害。也就是说，心理契约违背是在心理契约破裂后，员工对心理契约破裂进行认知归因和解释过程后而产生的负面情绪体验。

本书认同 Morrison 和 Robinson（1997）的理论观点，将心理契约违背定义为员工认知到组织未实际履行其心理契约中的期望责任所引发的员工生气、沮丧等负面体验。

4. 工作—家庭侵入

Ashforth 等（2000）和 Clark（2000）用工作—家庭侵入（work family transition）描述工作边界和家庭边界之间的渗透性。边界渗透性指的是一个角色允许个体身在此角色但是心在彼角色的程度，如个体在家时接听工作相关的电话。在 Ashforth 等（2000）的研究基础上，Matthews 和 Barnes-Farrell（2006）将工作—家庭侵入进行了操作化定义，将其定义为个体在物理空间上和心理认知上从一个领域过渡到另一个领域的次数。到目前为止，描述工作—家庭边界的渗透性的概念还包括 Kreiner（2002）提出的工作—家庭边界模糊（work-family boundary blurring），本书采用 Mattews 和 Barnes-Farrell（2006）对工作—家庭侵入的定义。

工作—家庭侵入分为工作—家庭侵入（work-to-family transition）和家庭—工作侵入（family-to-work transition）两种方向。基于本书的研究目的是考察组织对员工家庭的支持程度对于员工相关结果的影响，为了更准确、更具针对性地检验工作对家庭的干扰所造成的影响，因此，本书中所界定的工作—家庭侵入指工作—家庭侵入。依据 Matthews 和 Barnes-Farrell

(2006) 对工作—家庭侵入的操作化定义，本书将工作—家庭侵入界定为个体在身体上和心理上从家庭角色过渡到工作角色的次数，如在家接听同事电话、在家处理工作相关的邮件、周末加班等。

5. 离职倾向

Porter 和 Steers（1974）表示，离职倾向（turnover intention）是员工计划离开当前组织的一种倾向，离开的原因可能是自身原因，也可能是组织原因。Wayne 等（2006）将离职倾向界定为一种行为倾向，描述了员工打算离开组织的一种倾向。Nadiri 和 Tanova（2010）则将离职倾向界定为员工计划离开当前组织的心理倾向。

本书所研究的离职是指由于企业组织环境等原因造成的主动离职，如对工作环境不满意、薪酬不公平等，本书中所涉及的离职倾向采用 Wayne 等（2006）的定义，将离职倾向定义为员工想要离开当前组织的行为倾向。

6. 心理抑郁

抑郁（Psychological Depression）起源于拉丁文 Deprimere，意指"下压"。在心理学研究中，心理抑郁是个体的一种精神倾向，这是个体由于各种内外因产生的一种消极情绪。在精神病学中，抑郁被视为一种情感障碍。综合以往研究，本书采用心理学对抑郁的理解，将心理抑郁界定为以心境低落为主要表现的情绪状态，如悲伤、失落、焦虑等情绪体验。

二、变量的测量工具

1. 工作—家庭支持氛围

工作—家庭支持氛围主要测量员工感知到的组织重视和支持自身平衡工作和家庭关系的程度。工作—家庭支持氛围量表采用 Kossek 等（2001）所提出的量表。采取由 1（非常不同意）到 5（非常同意）的 5 级评价法。在 Kossek 等的研究中，工作—家庭支持氛围分为分担忧虑（sharing concerns）、让家庭做出牺牲（making sacrifices）两个方面，本书采用了分担忧虑这个维度，包括 3 个测量题项，即"我所在的工作部门，人们普遍认为应该互相分担来自于家庭中的忧虑""能够讨论家庭问题""能够得到处理家庭问题的建议"。

2. 工作—家庭增益

工作—家庭增益主要测量员工在工作中获得的支持等资源对员工的家庭生活的积极影响。本书采用 Grzywacz 和 Marks（2000）开发的 4 题项量表测量工作—家庭增益。在数据处理中，发现其中一个题项"当我每天的工作很愉快时，我会更积极地陪伴我的家人"的因子负荷较低，同时删除该题项后量表的 Cronbach's α 系数值变大，故在后续的数据处理过程中，工作—家庭增益包括 3 个题项。

3. 工作—家庭侵入

工作—家庭侵入主要测量员工在履行家庭责任的过程中受到工作相关责任干扰的程度。工作—家庭侵入的测量采用 Perlow（1998）的 5 题项量表，该量表被用于测量被试者因为工作角色责任而阻碍其履行家庭责任的频率，典型题项如"在家的时候接到同事或上级电话"。

4. 心理契约违背

心理契约违背测量员工感知到的组织违背预期心理契约的程度。本书对心理契约违背的测量根据研究目的和研究需要采用了单维度测量，即整体心理契约违背。本书采用 Robinson 和 Morrison（2000）编制的 4 题项量表测量员工的心理契约违背，典型题项如"我感觉组织违背了我们之间的契约"。

5. 心理抑郁

心理抑郁主要测量员工以抑郁为主的各种负面情绪的程度。心理抑郁的测量目前有不同的测量量表，分别用于心理学领域和精神病学领域。本书采用 Kessler 等（2003）编制的 K6 量表测量心理抑郁，该量表包括 6 个题项，被广泛用于诊断精神疾病，该量表测量被试者在最近 30 天感觉到各种负面情绪的频率，其中负面情绪包括紧张、无望、焦躁等。

6. 离职倾向

离职倾向主要测量员工想要离开当前组织的行为倾向。对于离职倾向的测量，目前没有统一的测量量表。本书采用 Leiter 等（2011）的离职倾向量表。Leiter 等（2011）通过对 Kelloway、Gottlieb 和 Barham（1999）的原始量表进行修订，得到了包含 3 个题项的离职倾向量表，典型题项如"我计划在一年内离开当前组织"，本量表采用李克特 5 点量表，其中从 1 到 5 分别代表"非常不同意"到"非常同意"。

三、控制变量

本书的控制变量主要指被试者的性别、年龄、工作时间、是否有子女、子女个数、是否与亲人同住、所属组织的所有制性质。为实现数据的高准确性，工作时间和年龄、子女个数要求被试者填写具体数目，而不是采用一般研究的数据段划分式的统计方法。企业性质有三类：国有或国有控股企业，民营或民营控股企业和其他企业。

第二节 问卷设计

一、问卷的主要内容

本书的调查问卷由两部分构成，第一部分主要调查样本的人口统计学特征；第二部分调查本书所涉及变量。

本问卷采用李克特 5 点量表进行计量。其中，在工作—家庭支持氛围、工作—家庭增益、心理契约违背及离职倾向量表中 5 表示"非常同意"，4 表示"同意"，3 表示"一般"，2 表示"不同意"，1 表示"非常不同意"；在工作—家庭侵入与心理抑郁量表中，5 表示"几乎一直有"，4 表示"经常"，3 表示"一般"，2 表示"偶尔"，1 表示"基本没有"。本书所设计的问卷具体由五个部分组成，主要内容总结如下：

第一部分是本调查问卷的引言，主要向被调查对象说明本问卷调查的目的、意义及问卷回收的联系方式等内容。

第二到第四部分内容是本书所涉及变量的测量，即工作—家庭支持氛围、工作—家庭增益、工作—家庭侵入、心理契约违背、离职倾向、心理抑郁六个测量量表。

第五部分是人口统计学特征的调查，主要包括样本性别、年龄、婚姻状况、所属企业性质等。

二、问卷设计的过程

量表的大致编制过程如下：

1. 搜索国内外文献，寻找相关量表

一些题项来自于文献中已经存在的可靠的量表，例如：family-supportive work climate（Kossek, Colquitt and Noe, 2001）；work family enrichment（Grzywacz and Marks, 2004）；work-to-family transition（Perlow, 1998）；psychological contract violation（Robinson and Morrison, 2000）；psychological depression（Kessler et al., 2003）；turnover intention（Leiter et al., 2011）。为保证测量的有效性，本书尽量采用相对成熟的"测量题项"。因为中英文差异以及具体研究之间的差异，需要对成熟量表进行翻译与调整。为确保量表翻译的准确性，本书中所涉及构念的量表都是经过借鉴的英文量表。本书采用"双向翻译"（Brislin, 1970）的方法进行互译，以保证最大化地保持原意，最终形成了量表的初稿。

2. 测量题项本土化

由于本书引用的问卷都是西方学者开发的，东西方文化的差异性会使西方背景下的问卷在东方土壤里的适用性受到一定限制，因此，我们结合中国人的氛围和语言习惯，尽量使量表描述符合本土化语言。

第三节 问卷调查与样本特征

一、调查问卷

调查问卷包含两个部分（见附录）。第一部分包括：工作—家庭支持氛围测量量表,共有 3 个题项;工作—家庭增益测量量表,共有 4 个题项;工作—家庭侵入测量量表,共有 5 个题项;心理契约违背测量量表,共有 4 个题项;心理抑郁测量量表,共有 6 个题项;离职倾向测量量表,共有 3 个题项。第二部分是被试者的个人基本信息。问卷采用李克特 5 点量表。本书在问卷收集后输入数据,利用统计分析软件处理数据,对研究假设和模型进行验证、解释和修正。

二、样本获取与样本特征

1. 样本获取

我们通过问卷星收集问卷,问卷星是一个专业的在线问卷调查、测评平台,提供强大的自助式在线设计问卷、回收答卷和数据统计功能,在中国,该平台拥有 260 万样本库成员,常被许多研究学者和企业组织用于市场调研和学术研究调查(Shaobing and Wenxia,2010)。本调查向该平台的 2012 名全职员工发放了问卷,每个问卷回答者都会获得 1.50 美元的报酬。最后,一共有 784 名员工提交了完整的问卷,通过以下问卷筛选的标准,得到有效问卷为 688 份,有效问卷回收率为 87.76%。

2. 样本特征

样本的基本信息表如表 4-1 所示。

表 4-1 样本基本信息表

子女个数			性别			年龄	
类别	人数(人)	百分比(%)	类别	人数(人)	百分比(%)	类别	数值(岁)
0	78	11.3	女	359	52.2	最小	20
1	384	55.8	男	329	47.8	平均	31.8
2	28	4.1				最大	64
缺失	198	28.8					

续表

企业性质			是否与亲人同住			工作时间	
类别	数值(家)	百分比（%）	类别	人数（人）	百分比（%）	类别	数值(小时)
国有	232	33.7	是	338	49.1	平均	41.5
私有	282	41.0	否	350	50.9		
其他	151	21.9					
缺失	23	23					

注：总样本量为688。

从表4-1中我们可以看出，有一个子女的样本人数为384人，占到总样本的55.8%，这直接反映了我国的"一个家庭一个孩子"的计划生育政策。从性别的比例看，男女的比例分别占到52.2%和47.8%，这说明我们的样本中男女比例平衡，在中国的"男主外、女主内"的传统氛围背景下，该样本的男女比例平衡更有助于我们客观了解当代中国男女员工的工作和家庭之间的关系。样本的年龄段介于20岁到64岁之间，平均年龄31.8岁。样本所包括的企业性质占到了研究所涉及的企业性质类别的一半，其中来自私有企业的样本居多，样本量为282家，占总样本的41.0%；其次是国有企业，样本量为232家，占33.7%。样本中有大约一半（约49.1%）的被试者与父母等其他亲属同住，这也是我国的家庭结构不同于西方国家的家庭结构之处，这种大家庭式的家庭结构会给予员工一定的社会支持。样本中的被试者的平均周工作时间为41.5小时，基本符合8小时工作时间制度。

第五章 数据分析与结果

第一节 研究变量的描述性统计

本书的基本变量包括工作—家庭支持氛围、工作—家庭增益、心理契约违背、工作—家庭侵入、离职倾向和心理抑郁，这六个变量都是单维度测量（见表5-1）。

表5-1 研究变量的基本情况

变量	样本量	最小值	最大值	均值	标准差
工作—家庭支持氛围	688	1.00	5.00	3.89	0.63
工作—家庭增益	688	1.00	5.00	3.66	0.65
心理契约违背	688	1.00	5.00	2.33	0.90
工作—家庭侵入	688	1.00	5.00	2.34	0.57
离职倾向	688	1.00	5.00	2.01	0.88
心理抑郁	688	1.00	5.00	2.20	0.66

从表5-1中可以看出，工作—家庭支持氛围的得分总体较高，其均值接近4；员工的离职倾向得分总体偏低，其均值接近2。

第二节 量表的信度和效度分析

一、信度分析

量表的信度是指测量量表的无偏差程度。本书采用Cronbach's α系数验证，Cronbach's α 系数值越大，量表的信度越好。一般当 Cronbach's α 系数大于 0.7，认为量表具有的信度可以接受。各个变量的信度分析结果如表 5-2 所示。

表 5-2　各变量的信度分析表

构念	题项数目	Cronbach's α
工作—家庭支持氛围	3	0.81
工作—家庭侵入	5	0.86
工作—家庭增益	3	0.86
心理契约违背	4	0.93
离职倾向	3	0.88
心理抑郁	6	0.89

二、效度分析

效度描述了量表的各题项对某一量表测量的反映程度，即各个题项在多大程度上反映了概念的真实含义（Earl Babbie，1999）。量表的效度指标主要包括内容效度、效标效度和构念效度。内容效度指测量量表对测试的内容或行为范围取样的适当程度。效标效度指测量量表能够有效测量某一变量的程度。构念效度指测量量表描述变量的准确程度。

构念效度分为收敛效度和区分效度两个方面（Sekaran，2005）。收敛效度是指测量某一变量的各个题项之间具有高度的相关性。收敛效度常采用验证性因子分析（CFA）方法检验，根据潜在变量的各题项的标准化因素负荷量计算平均变异抽取量（AVE）和组合信度（CR），当研究中的标准化因素负荷量大于 0.5、AVE 大于 0.5、CR 大于 0.7 则说明具有较好的收敛效度。

区分效度是指测量某一变量的题项与测量另一变量的题项之间低度相关或有显著的差异存在。对于区分效度的检验，目前存在两种方法，一种是需要首先得出每个变量的 AVE 值平方根和各个变量之间的相关系数，当 AVE 平方根显著大于变量间的相关系数值时，则该量表具有较好的区分效度。另一种检验两个变量间的区分效度的方法是利用单群组生成两个模型，分别为未限制模型（潜在变量间的共变关系不加以限制，共变参数为自由估计参数）与限制模型（潜在变量间的共变关系限制为1，共变参数为固定参数），接着进行两个模型的卡方值差异比较，若卡方值差异量越大且达到显著水平（$p=0.05$时卡方值差异量为3.84，$p=0.01$时卡方值差异量为6.64，$p=0.001$时卡方值差异量为7.88）时，表示两个模型间有显著的差异，两个变量间的区分效度越高。

1. 工作—家庭支持氛围的效度分析

工作—家庭支持氛围量表的验证性因子分析结果如表5-3所示。从表中可以看出，工作—家庭支持氛围量表中各题项的标准化因子载荷数值都大于0.5，说明量表具有一定的结构效度。此外，CR值大于0.7，AVE值较为接近于0.5，可以判断工作—家庭支持氛围量表具有较好的收敛效度。

表5-3 工作—家庭支持氛围量表效度分析

构念	题项	标准化因子载荷（SFL）	CR	AVE
工作—家庭支持氛围	Q1_1	0.74	0.82	0.60
	Q1_2	0.83		
	Q1_3	0.75		

2. 工作—家庭增益的效度分析

工作—家庭增益量表验证性因子分析的结果如表5-4所示。从表中可以看出，工作—家庭增益量表中各题项的标准化因子载荷数值都大于0.5，CR值大于0.7，AVE值大于0.5，说明工作—家庭增益量表具有较好的结构效度和收敛效度。

表5-4 工作—家庭增益量表效度分析

构念	题项	标准化因子载荷（SFL）	CR	AVE
工作—家庭增益	Q2_1	0.66	0.89	0.73
	Q2_2	0.92		
	Q2_3	0.95		

第五章 数据分析与结果

3. 工作—家庭侵入的效度分析

工作—家庭侵入量表验证性因子分析的结果如表 5-5 所示。从表中可以看出，工作—家庭侵入量表中各题项的标准化因子载荷数值都大于 0.5，CR 值大于 0.7，AVE 值大于 0.5，说明工作—家庭侵入量表具有较好的结构效度和收敛效度。

表 5-5　工作—家庭侵入量表效度分析

构念	题项	标准化因子载荷（SFL）	CR	AVE
工作—家庭侵入	Q6_1	0.66	0.86	0.55
	Q6_2	0.75		
	Q6_3	0.81		
	Q6_4	0.83		
	Q6_5	0.65		

4. 心理契约违背的效度分析

心理契约违背量表验证性因子分析的结果如表 5-6 所示。从表中可以看出，心理契约违背量表中各题项的标准化因子载荷数值都大于 0.5，CR 值大于 0.7，AVE 值大于 0.5，说明心理契约违背量表具有较好的结构效度和收敛效度。

表 5-6　心理契约违背量表效度分析

构念	题项	标准化因子载荷（SFL）	CR	AVE
心理契约违背	Q3_1	0.82	0.93	0.76
	Q3_2	0.92		
	Q3_3	0.86		
	Q3_4	0.88		

5. 心理抑郁的效度分析

心理抑郁量表验证性因子分析的结果如表 5-7 所示。从表中可以看出，心理抑郁量表中各题项的标准化因子载荷数值都大于 0.5，CR 值大于

0.7，AVE 值大于 0.5，说明心理抑郁量表具有较好的结构效度和收敛效度。

表 5-7　心理抑郁量表效度分析

构念	题项	标准化因子载荷（SFL）	CR	AVE
心理抑郁	Q5_1	0.65	0.88	0.56
	Q5_2	0.77		
	Q5_3	0.80		
	Q5_4	0.81		
	Q5_5	0.73		
	Q5_6	0.73		

6. 离职倾向的效度分析

离职倾向量表验证性因子分析的结果如表 5-8 所示。从表中可以看出，离职倾向量表中各题项的标准化因子载荷数值都大于 0.5，CR 值大于 0.7，AVE 值大于 0.5，说明离职倾向量表具有较好的结构效度和收敛效度。

表 5-8　离职倾向量表效度分析

构念	题项	标准化因子载荷（SFL）	CR	AVE
离职倾向	Q4_1	0.86	0.88	0.72
	Q4_2	0.80		
	Q4_3	0.88		

7. 各变量的区分效度分析

区分效度反映了变量中的每一个题项的唯一性和独特性，以及该题项与其他因子题项之间不相关的程度。区分效度可以通过每个隐性变量能解释的方差百分比的平方根值（结构变量的内部方差）是否大于结构变量之间相关系数的平方（结构变量之间的方差）来判断（Segars，1997）。如果某一变量能解释的方差百分比的平方根值比这个变量与其他所有变量的相关性值都大,则数据满足区分效度。表5-9列出了本书所有隐性变量之间的相关性和能解释的方差百分比的平方根。从表5-9中可以看出,对角线上的粗体数值比其所在行和列的所有相关性系数值都大,说明所采用的指标都具有良好的区分效度。举例来说,如表5-9中阴影部分,变量"工作—家庭增益"能解释方差值的平方根0.85,比这一数值所在的行和列上的所有相关性系数值都要大,说明我们选择的度量能力信任的指标满足区分效度的检验标准,从而该指标的区分效度可以保证。

表5-9 各变量的区分效度分析

	工作—家庭支持氛围	工作—家庭增益	工作—家庭侵入	心理契约违背	心理抑郁	离职倾向
工作—家庭支持氛围	(**0.77**)					
工作—家庭增益	0.08*	(**0.85**)				
工作—家庭侵入	-0.07	-0.01	(**0.74**)			
心理契约违背	-0.31**	-0.29**	0.19**	(**0.87**)		
心理抑郁	-0.30**	-0.20**	0.33**	0.49**	(**0.75**)	
离职倾向	-0.15**	-0.23**	0.14**	0.51**	0.41**	(**0.85**)

注:对角线(粗体)为能解释方差值的平方根。对角线下面的数值为变量间的相关性系数(2-tailed)。另外,*p<0.05;**p<0.01。

8. 拟合优度检验

根据Hair等(2010)和侯杰泰(2004)的研究建议,本书在进行结构方程建模时选择的拟合度指标主要有以下几个:

(1)卡方(χ^2)。卡方统计量(χ^2)衡量的是整体模型中因果路径与实际数据的拟合程度。标准是卡方值越小,表示理论模型与数据的拟合度越高。由于受自由度的影响,不能很直观地表示模型的拟合度,因此本书在数据展示的时候未能将其纳入数据表中。

(2)卡方自由度比(χ^2/df)。由于卡方值对样本大小和自由度比较敏感,为了降低样本量对卡方值的影响,侯杰泰(2004)提出了卡方自由度比。以往的研究表明,其值在1~5之间,表示理论模型和数据有较好的匹配；若超过5，则表示匹配度不高，基本不接受该模型。

（3）近似残差均方根（RMSEA）。近似残差均方根（RMSEA）的评价标准：RMSEA小于0.05时，表示理论模型与数据匹配很好，理论模型是最优的；RMSEA在0.05~0.08之间时，表示理论模型与数据匹配得比较好，理论模型是可以接受的；RMSEA大于0.08时，表示理论模型与数据不匹配，拒绝接受理论模型。本书采用RMSEA作为模型拟合度的一个评价指标，并以RMSEA小于0.08为评价标准。

（4）标准拟合指标（NFI）、非规准拟合指标（TLI）和比较拟合指标（CFI）。标准拟合指标（NFI）的前提是所有观测变量相互独立，衡量假设模型对于基准模型减少的卡方（χ^2）值比例，但标准拟合指标（NFI）易受样本容量影响，因此本书也使用非规准拟合指标（TLI）和比较拟合指标（CFI）。根据以往研究，标准拟合指标（NFI）、非规准拟合指标（TLI）和比较拟合指标（CFI）都以大于0.9为评价标准，表示模型比较接近饱和模型，接受假设模型。

通过以上对各指标的介绍和分析，本书所选择的结构方程建模指标及其评价标准概括如表5-10所示。

表5-10　结构方程建模指标及其评价标准

指标	评价标准
卡方自由度比（CMIN/DF）	大于1，小于5
近似残差均方根（RMSEA）	小于0.08，小于0.05更优
比较拟合指标（CFI）	大于0.9
标准拟合指标（NFI）	大于0.9
非规准拟合指标（TLI）	大于0.9

第三节　相关性分析

相关性分析用来衡量变量之间的线性相关关系，可以初步判断模型设

第五章　数据分析与结果

置或研究假设的合理性。本书运用SPSS进行Pearson相关系数分析，采用Pearson相关系数来刻画工作—家庭支持氛围、工作—家庭增益、工作—家庭侵入、心理契约违背、心理抑郁、离职倾向之间以及人口统计变量之间的相关性和具体相关程度，以此来证明研究变量之间存在的统计关系，为后续的假设检验奠定基础。变量的相关性分析结果显示，变量之间相关性较好，与研究假设基本一致，初步反映了模型的合理性（见表5-11）。

表5-11　描述性相关系数矩阵

变量	1	2	3	4	5	6	7	8	9	10
1. 年龄										
2. 性别	-0.12**									
3. 工作时间	-0.02	-0.13**								
4. 企业性质	-0.18**	0.10*	0.07							
5. 工作—家庭支持氛围	-0.08*	0.15**	0.12**	0.09*						
6. 工作—家庭增益	0.03	-0.07	-0.06	0.05	0.08*					
7. 工作—家庭侵入	-0.10**	-0.06	-0.04	-0.10*	-0.07	-0.01				
8. 心理契约违背	-0.01	-0.01	0.11**	-0.07	-0.31**	-0.29**	0.19**			
9. 心理抑郁	-0.14**	0.05	0.12**	-0.05	-0.30**	-0.20**	0.33**	0.49**		
10. 离职倾向	-0.15**	0.03	0.08*	0.12**	-0.15**	-0.23**	0.14**	0.51**	0.41**	
均值	31.83	1.52	41.47	0.65	3.89	3.66	2.34	2.33	2.20	2.01
标准差	7.41	0.50	11.81	0.48	0.63	0.60	0.57	0.90	0.66	0.88

注：样本量为688。** $p \leqslant 0.01$；* $p \leqslant 0.05$（two-tailed）。

有关变量之间的相关性，由表5-11可以看出，工作—家庭支持氛围与工作—家庭增益在 $p \leqslant 0.05$ 的水平上显著正相关，与心理契约违背、心理抑郁和离职倾向在 $p \leqslant 0.01$ 的水平上显著负相关；工作—家庭增益与心理契约违背、心理抑郁和离职倾向在 p≤0.01 的水平上显著负相关；工作—家庭侵入与心理契约违背、心理抑郁和离职倾向在 p≤0.01 的水平上显著正相关；心理契约违背与心理抑郁和离职倾向在 p≤0.01 的水平上显著正相关；心理抑郁与离职倾向在 p≤0.01 的水平上显著正相关。

有关变量的人口统计学差异，我们可以发现，年龄与工作—家庭侵入、心理抑郁和离职倾向在 p≤0.01 的水平上显著负相关；性别与工作—家庭支持氛围在 p≤0.01 的水平上显著正相关；工作时间与工作—家庭支持氛围、心理契约违背、心理抑郁在 p≤0.01 的水平上显著正相关，与离职倾向在 p≤0.05 的水平上显著正相关；企业性质与工作—家庭支持氛围在 p≤0.05 的水平上显著正相关，与离职倾向在 p≤0.01 的水平上显著正相关，与工作—家庭侵入在 p≤0.05 的水平上显著负相关。

第四节 假设检验

相关性分析不能明确指出变量相互影响关系中的因果关系（游士兵、余艳琴，2001）。此外，相关性分析无法剔除可能影响变量之间关系的干扰项，因此其分析结果只能为假设检验做前提。因此，本节采用结构方程模型的分析方法对本书的各个变量之间的关系进行验证。

一、工作—家庭支持氛围对离职倾向和心理抑郁的主效应检验

1. 模型的变量与路径设定

通过分析可知，工作—家庭支持氛围、心理抑郁和离职倾向的信度和效度均达到了要求，可以用于结构方程模型的分析。因此，用结构方程模型画出路径检验工作—家庭支持氛围对离职倾向和心理抑郁的影响。

2. 模型的初步估计与评价

模型涉及显变量的偏度和峰度分析结果如表 5-12 所示。

表 5-12 显变量的偏度和峰度分析

显变量	最小值	最大值	偏度	峰度
Q1_1	1	5	-0.96	1.58
Q1_2	1	5	-1.22	2.80
Q1_3	1	5	-0.75	1.01
Q5_1	1	5	0.08	0.10
Q5_2	1	5	0.58	0.13
Q5_3	1	5	0.17	-0.04
Q5_4	1	5	0.58	0.24
Q5_5	1	5	0.42	0.20
Q5_6	1	5	0.76	0.26
Q4_1	1	5	0.86	0.13
Q4_2	1	5	1.28	1.59
Q4_3	1	5	0.95	0.68

从表 5-12 可知，本模型所有显变量的偏度绝对值和峰度绝对值都远小于临界值（偏度绝对值的临界值为 3，峰度绝对值的临界值为 10），符合结构方程模型分析的要求。

结构方程模型估计的拟合指标如表 5-13 所示。其中，χ^2/df 的值为 5.076，略高于 5 的参考值；CFI 值为 0.948，大于 0.9 的参考值；NFI 的值为 0.936，高于 0.9 的参考值；TLI 的值为 0.934，高于 0.9 的参考值；RMSEA 值为 0.077，低于 0.08 的参考值。χ^2/df 指标略高，其他指标都符合要求，结构方程模型拟合效果较好。

表 5-13 工作—家庭支持氛围对离职倾向和心理抑郁的影响模型的拟合指标

拟合统计值	测量模型	参考值
χ^2/df	5.08	≤5
CFI	0.95	>0.9
NFI	0.94	>0.9
TLI	0.93	>0.9
RMSEA	0.08	<0.08

3. 影响效应分析

组织的工作—家庭支持氛围对离职倾向和心理抑郁的影响结果如图 5-1 所示。从实证结果来看，组织的工作—家庭支持氛围影响员工的离职倾向和心理抑郁的标准路径系数分别为 -0.28、-0.26，在 $p<0.01$ 水平上具有显著统计性，这表明组织的工作—家庭支持氛围对员工的离职倾向和心理抑郁都有显著的负向影响，且在 $p<0.01$ 水平上具有显著统计性。

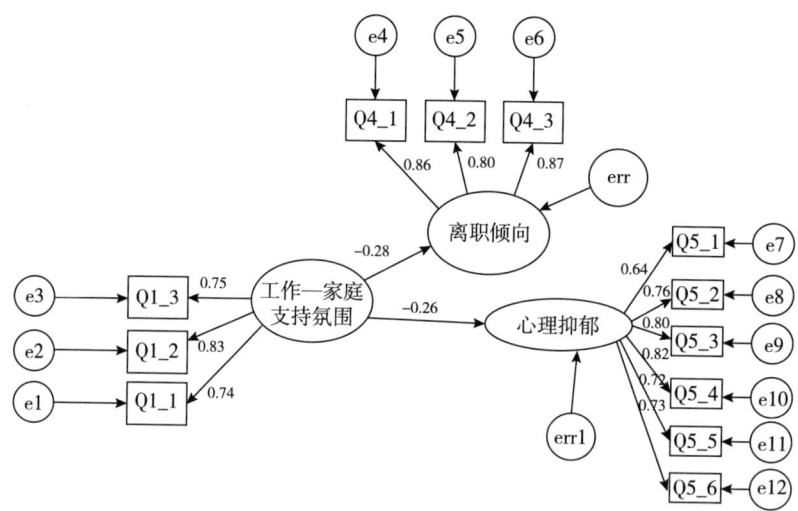

图 5-1 工作—家庭支持氛围对离职倾向和心理抑郁的影响关系模型

二、心理契约违背在工作—家庭支持氛围与离职倾向和心理抑郁之间的中介效应检验

1. 模型的变量与路径设定

通过分析可知，组织的工作—家庭支持氛围、心理契约违背、心理抑郁和离职倾向的信度和效度均达到了要求，可以用于结构方程模型的分析。因此，用结构方程模型画出路径分别检验工作—家庭支持氛围对心理契约违背的影响、心理契约违背对离职倾向和心理抑郁的影响、心理契约违背在工作—家庭支持氛围与离职倾向之间的中介作用、心理契约违背在工作—家庭支持氛围与心理抑郁之间的中介作用。

2. 模型的初步估计和评价

表 5-14 给出了显变量的偏度和峰度分析结果。从表 5-14 中可知,本模型所有显变量的偏度绝对值和峰度绝对值都远小于临界值(偏度绝对值的临界值为 3,峰度绝对值的临界值为 10),符合结构方程模型分析的要求。

表 5-14 显变量的偏度和峰度分析

显变量	最小值	最大值	偏度	峰度
Q3_1	1	5	0.66	0.07
Q3_2	1	5	0.67	-0.08
Q3_3	1	5	0.91	0.68
Q3_4	1	5	0.67	-0.24
Q2_1	1	5	-0.38	-0.60
Q2_2	1	5	-0.23	-0.67
Q2_3	1	5	-0.75	1.06
Q5_1	1	5	0.08	0.10
Q5_2	1	5	0.58	0.13
Q5_3	1	5	0.17	-0.04
Q5_4	1	5	0.58	0.24
Q5_5	1	5	0.42	0.20
Q5_6	1	5	0.76	0.26
Q4_1	1	5	0.86	0.13
Q4_2	1	5	1.28	1.59
Q4_3	1	5	0.95	0.68

心理契约违背在工作—家庭支持氛围与离职倾向之间的中介作用模型的拟合指标结果如表 5-15 所示。

表 5-15 心理契约违背在工作—家庭支持氛围与离职倾向之间的中介作用模型的拟合指标

拟合统计值	测量模型	参考值
χ^2/df	1.59	≤5

续表

拟合统计值	测量模型	参考值
CFI	0.99	>0.9
NFI	0.99	>0.9
TLI	0.96	>0.9
RMSEA	0.03	<0.08

其中，χ^2/df 的值为 1.593，低于 5 的参考值，符合要求；CFI 值为 0.992，大于 0.9 的参考值；NFI 的值为 0.988，大于 0.9 的参考值；TLI 的值为 0.964，大于 0.9 的参考值；RMSEA 值为 0.029，小于 0.08 的参考值。所有指标都符合要求，可以认为"工作—家庭支持氛围—心理契约违背—离职倾向"模型的结构方程模型拟合效果较好。

心理契约违背在工作—家庭支持氛围与心理抑郁之间的中介作用模型的拟合指标结果如表 5-16 所示。

表 5-16 心理契约违背在工作—家庭支持氛围与心理抑郁之间的中介作用模型的拟合指标

拟合统计值	测量模型	参考值
χ^2/df	3.248	≤5
CFI	0.966	>0.9
NFI	0.973	>0.9
TLI	0.962	>0.9
RMSEA	0.057	<0.08

其中，χ^2/df 的值为 3.248，小于 5 的参考值，符合要求；CFI 值为 0.966，大于 0.9 的参考值；NFI 的值为 0.973，大于 0.9 的参考值；TLI 的值为 0.962，大于 0.9 的参考值；RMSEA 值为 0.057，小于 0.08 的参考值。所有指标基本符合要求，可以认为"工作—家庭支持氛围—心理契约违背—心理抑郁"模型的结构方程模型拟合效果较好。

3. 影响效应分析

依据 Baron 和 Kenny（1986）提出的中介效应的检验方法，中介效应须满足4个要求：①自变量对因变量具有显著影响；②自变量对中介变量存在显著影响；③中介变量对因变量存在显著影响；④当中介变量起作用时，自变量对因变量的影响不显著（完全中介），或者自变量对因变量的回归系数减少，但仍然达到显著水平（部分中介）。

从图5-1可以看出，自变量工作—家庭支持氛围对因变量员工的离职倾向的影响效应中，直接效应为-0.28（p<0.01），满足中介效应的条件1，这表明工作—家庭支持氛围对员工的离职倾向具有显著的负向影响；从图5-2中可以看出，自变量工作—家庭支持氛围与中介变量心理契约违背的关系显著（β=-0.34，p<0.01），满足中介效应的条件2；从图5-3中可以看出，中介变量心理契约违背与因变量离职倾向的关系显著（β=0.57，p<0.001），满足中介效应的条件3；最后我们从图5-4中可以看出，当自变量工作—家庭支持氛围和因变量离职倾向之间加入中介变量心理契约违背后，两者的相关系数由-0.28（p<0.01）降为-0.07（p<0.05）但两者关系仍然显著，满足部分中介效应的条件。

从图5-1可以看出，自变量工作—家庭支持氛围对因变量员工的心理抑郁的影响效应中，直接效应为-0.26（p<0.01），满足中介效应的条件1，这表明工作—家庭支持氛围对员工的心理抑郁具有显著的负向影响；从图5-2中可以看出，自变量工作—家庭支持氛围与中介变量心理契约违背的关系显著（β=-0.34，p<0.01），满足中介效应的条件2；从图5-3中可以看出，中介变量心理契约违背与因变量心理抑郁的关系显著（β=0.53，p<0.001），满足中介效应的条件3；最后我们发现，当自变量工作—家庭支持氛围和因变量心理抑郁之间加入中介变量心理契约违背后，两者的相关系数由-0.26（p<0.01）降为-0.07（p<0.05），但两者关系仍然显著，满足部分中介效应的条件。

工作—家庭支持氛围对心理契约违背的影响结果如图5-2所示。

心理契约违背对离职倾向和心理抑郁的影响结果如图5-3所示。

心理契约违背在工作—家庭支持氛围与离职倾向之间的中介作用模型如图5-4所示。

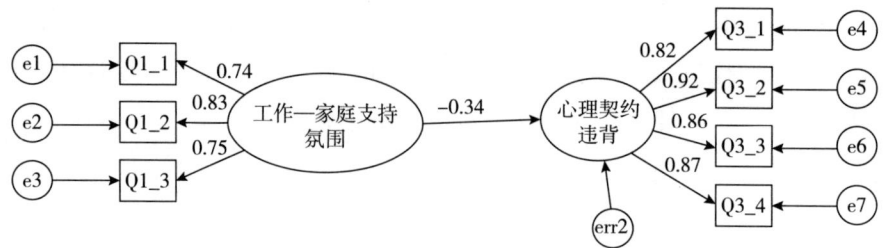

图 5-2 工作—家庭支持氛围对心理契约违背的影响关系模型

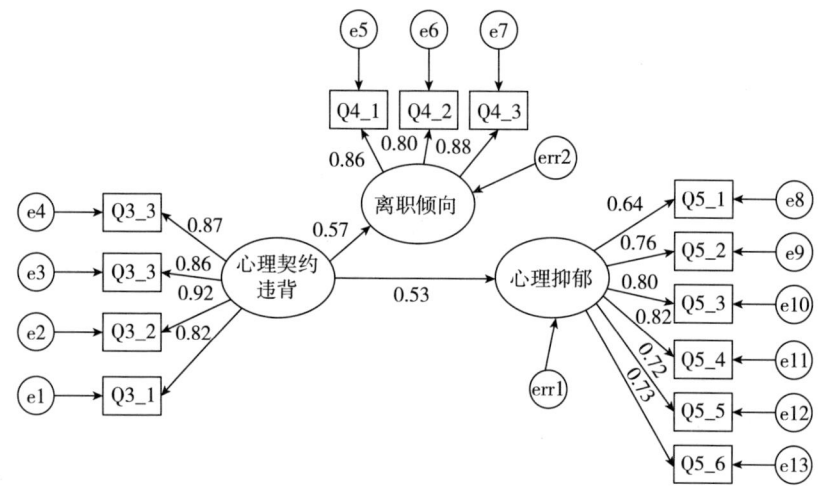

图 5-3 心理契约违背对离职倾向和心理抑郁的影响关系模型

心理契约违背在工作—家庭支持氛围与心理抑郁之间的中介作用模型如图 5-5 所示。

三、工作—家庭增益在工作—家庭支持氛围与心理契约违背之间的中介作用检验

1. 模型的变量和路径设定

通过分析可知,组织的工作—家庭支持氛围、工作—家庭增益和心理契约违背的信度和效度均达到了要求,可以用于结构方程模型的分析。因此,用结构方程模型画出路径分别检验工作—家庭支持氛围对工作—家庭

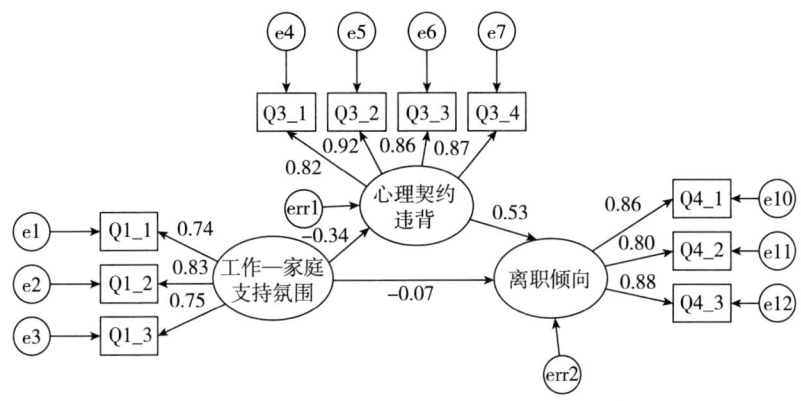

图 5-4　心理契约违背在工作—家庭支持氛围与离职倾向之间的中介作用模型

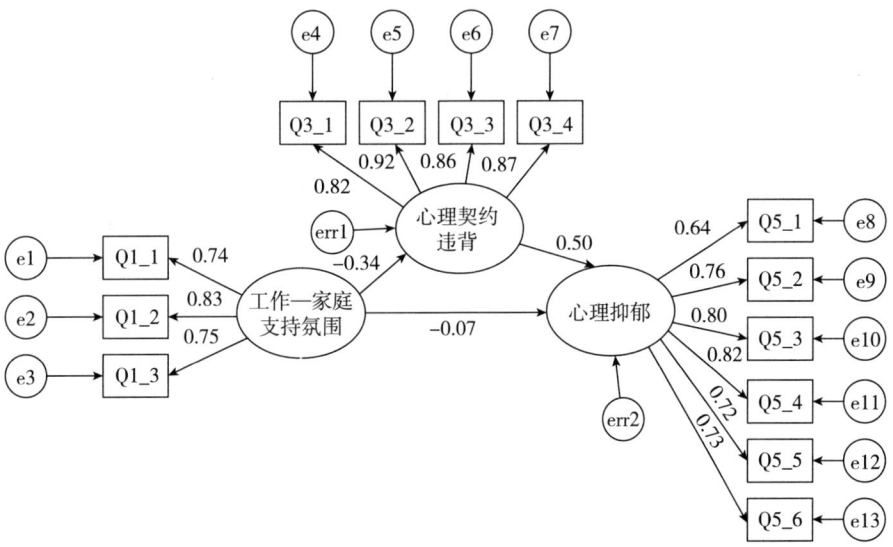

图 5-5　心理契约违背在工作—家庭支持氛围与心理抑郁之间的中介作用模型

增益的影响、工作—家庭增益对心理契约违背的影响。

2. 模型的初步估计与评价

表 5-17 给出了显变量的偏度和峰度分析结果。从表 5-17 可知，本模型所有显变量的偏度绝对值和峰度绝对值都远小于临界值（偏度绝对值的临界值为 3，峰度绝对值的临界值为 10），符合结构方程模型分析的要求。

103

表 5-17　显变量的偏度和峰度分析

显变量	最小值	最大值	偏度	峰度
Q1_1	1	5	-0.956	1.580
Q1_2	1	5	-1.219	2.795
Q1_3	1	5	-0.748	1.006
Q3_1	1	5	0.658	0.073
Q3_2	1	5	0.670	-0.079
Q3_3	1	5	0.912	0.679
Q3_4	1	5	0.667	-0.242
Q2_1	1	5	-0.378	-0.603
Q2_2	1	5	-0.225	-0.666
Q2_3	1	5	-0.749	1.058

结构方程模型估计的拟合指标结果如表 5-18 所示。其中，χ^2/df 的值为 3.209，小于 5 的参考值；CFI 值为 0.980，大于 0.9 的参考值；NFI 的值为 0.971，大于 0.9 的参考值；TLI 的值为 0.972，高于 0.9 的参考值；RMSEA 值为 0.057，小于 0.08 的参考值。所有指标都符合要求，结构方程模型拟合效果较好。

表 5-18　工作—家庭增益在工作—家庭支持氛围与心理契约违背之间的中介作用模型的拟合指标

拟合统计值	测量模型	参考值
χ^2/df	3.209	≤5
CFI	0.980	>0.9
NFI	0.971	>0.9
TLI	0.972	>0.9
RMSEA	0.057	<0.08

3. 影响效应分析

依据 Baron 和 Kenny（1986）提出的中介效应的检验方法，中介效应须满足四个要求：①自变量对因变量具有显著影响；②自变量对中介变量存在显著影响；③中介变量对因变量存在显著影响；④当中介变量起作用时，自变量对因变量的影响不显著（完全中介），或者自变量对因变量的回归系数减少，但仍然达到显著水平（部分中介）。

从图5-2可以看出，自变量工作—家庭支持氛围对因变量心理契约违背的影响效应中，直接效应为-0.34（p<0.01），满足中介效应的条件1，这表明工作—家庭支持氛围对心理契约违背具有显著的负向影响；从图5-6中可以看出，自变量工作—家庭支持氛围与中介变量工作—家庭增益的关系显著（β=0.28，p<0.01），满足中介效应的条件2；从图5-7中可以看出，中介变量工作—家庭增益与因变量心理契约违背的关系显著（β=-0.32，p<0.01），满足中介效应的条件3；最后我们从图5-8中可以看出，当自变量工作—家庭支持氛围和因变量心理契约违背之间加入中介变量工作—家庭增益后，两者的相关系数由-0.34（p<0.01）降为-0.27（p<0.01），但两者关系仍然显著，满足部分中介效应的条件。

组织的工作—家庭支持氛围与工作—家庭增益的影响关系模型如图5-6所示。

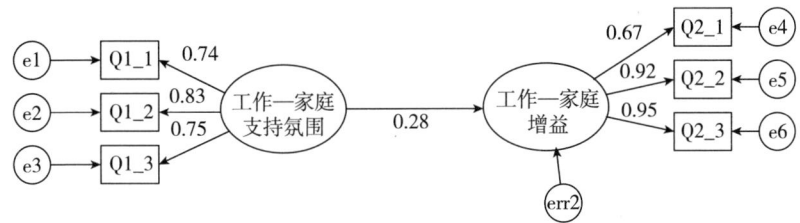

图5-6 工作—家庭支持氛围与工作—家庭增益的影响关系模型

工作—家庭增益与心理契约违背的影响关系结果如图5-7所示。

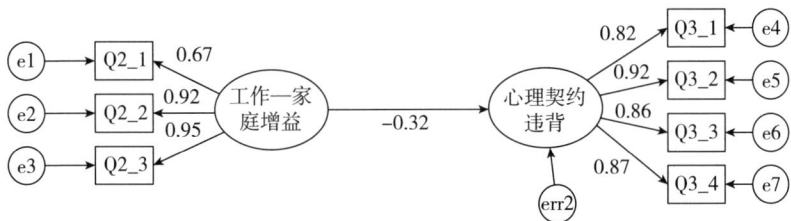

图5-7 工作—家庭增益与心理契约违背的影响关系模型

工作—家庭增益在工作—家庭支持氛围与心理契约违背之间的中介作用模型如图 5-8 所示。

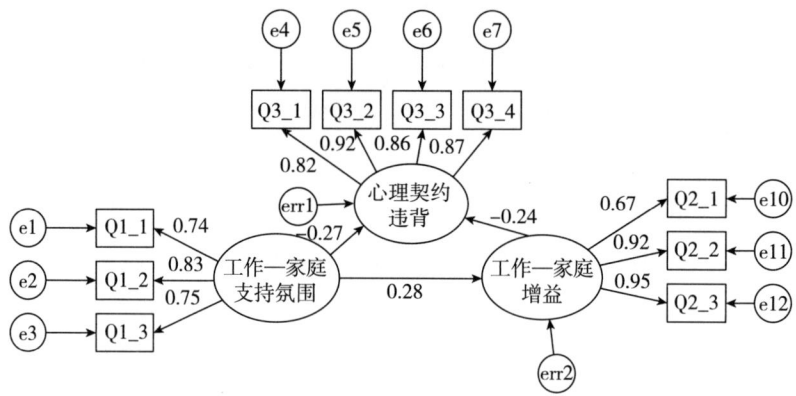

图 5-8　工作—家庭增益在工作—家庭支持氛围与心理契约违背之间的中介作用模型

四、工作—家庭侵入对工作—家庭支持氛围与工作—家庭增益之间关系的调节作用检验

侯杰泰（2004）指出，运用结构方程模型进行调节作用检验时，应该对自变量和调节变量进行中心化或者标准化。本书关于调节作用的检验方法是根据李茂能（2011）结构方程交互作用效果的检验方法：首先，将标准化后的自变量与调节变量做交互项的乘积指标，最后将乘积指标作为交互项的题项，将交互项作为一个新变量，检验交互项对结果变量的显著性。乘积指标的做法是参考 Marsh（2004）系统比较产生乘积指标的三种策略：全部交叉乘积、配对交叉乘积和单一乘积。由于工作—家庭支持氛围变量只有 3 个题项，而工作—家庭侵入变量有 5 个题项，因此本书采用配对乘积指标的策略，按照"大配大，小配小"的原则，即自变量高因子负荷的题项与调节变量高因子负荷的题项应当配对相乘，同时，结合 Saris、Batista-Foguet 和 Coenders（2007）的建议——最高信度的指标应当配对相乘。因此，本书的具体做法是：工作—家庭支持氛围的题项为 Q1_1、Q1_2、Q1_3，工作—家庭侵入的题项为 Q6_1、Q6_2、Q6_3、

Q6_4、Q6_5,根据以上方法的介绍,按照大小高低顺序,构建乘积指标Q1_1×Q6_2、Q1_2×Q6_4、Q1_3×Q6_3作为交互作用项的指标,然后检验交互作用项的显著性。

1. 模型的变量和路径设定

通过分析可知,工作—家庭支持氛围、工作—家庭侵入、工作—家庭增益的信度和效度均达到了要求,可以用于结构方程模型的分析。因此,根据工作—家庭支持氛围、工作—家庭侵入和工作—家庭增益的相关关系画出路径图。

2. 模型的初步估计与评价

对显变量的偏度和峰度的分析结果如表5-19所示,由此可见,显变量的偏度和峰度均满足数据分析的条件。

表5-19 显变量的偏度和峰度分析

显变量	最小值	最大值	偏度	峰度
Q1_1	1	5	-0.956	1.580
Q1_2	1	5	-1.219	2.795
Q1_3	1	5	-0.748	1.006
Q6_1	1	5	-0.001	-0.350
Q6_2	1	5	0.156	-0.197
Q6_3	1	5	0.139	0.157
Q6_4	1	5	0.188	0.262
Q6_5	1	5	-0.196	-0.370
Q2_1	1	5	-0.378	-0.603
Q2_2	1	5	-0.225	-0.666
Q2_3	1	5	-0.749	1.058

工作—家庭侵入对工作—家庭支持氛围与工作—家庭增益之间关系调节作用的结构方程模型估计的拟合指标结果如表5-20所示。其中,χ^2/df的值为3.224,小于5的参考值;CFI值为0.960,大于0.9的参考值;NFI

的值为 0.943，大于 0.9 的参考值；TLI 的值为 0.952，大于 0.9 的参考值；RMSEA 值为 0.057，小于 0.08 的参考值。所有指标都符合要求，可以认为工作—家庭侵入对工作—家庭支持氛围与工作—家庭增益之间关系调节作用的结构方程模型拟合效果较好。

表 5-20 工作—家庭侵入对工作—家庭支持氛围与工作—家庭增益之间关系调节作用的模型的拟合指标

拟合统计值	测量模型	参考值
χ^2/df	3.224	≤5
CFI	0.960	>0.9
NFI	0.943	>0.9
TLI	0.952	>0.9
RMSEA	0.057	<0.08

工作—家庭侵入对工作—家庭支持氛围与工作—家庭增益之间关系调节作用的结构方程模型结果如图 5-9 所示。由图 5-9 可知，自变量工作—家庭支持氛围对因变量工作—家庭增益的主效应为 0.27（$p<0.01$），这表明自变量工作—家庭支持氛围对因变量员工的工作—家庭增益具有显著的正向影响；自变量工作—家庭支持氛围和调节变量工作—家庭侵入的交互项对因变量工作—家庭增益的交互影响显著（$\beta=-0.13$，$p<0.01$），这说明调节变量工作—家庭侵入对工作—家庭支持氛围与工作—家庭增益之间关系有显著的负向影响。

工作—家庭侵入对工作—家庭支持氛围与工作—家庭增益之间关系的调节作用结果如图 5-10 所示。由图 5-10 可知，工作—家庭侵入对工作—家庭支持氛围与工作—家庭增益之间的关系有显著的调节作用，具体表现为：当员工经历高水平的工作—家庭侵入时，工作—家庭支持氛围对工作—家庭增益的正向影响较小；当员工经历低水平的工作—家庭侵入时，工作—家庭支持氛围对工作—家庭增益的正向影响较明显。

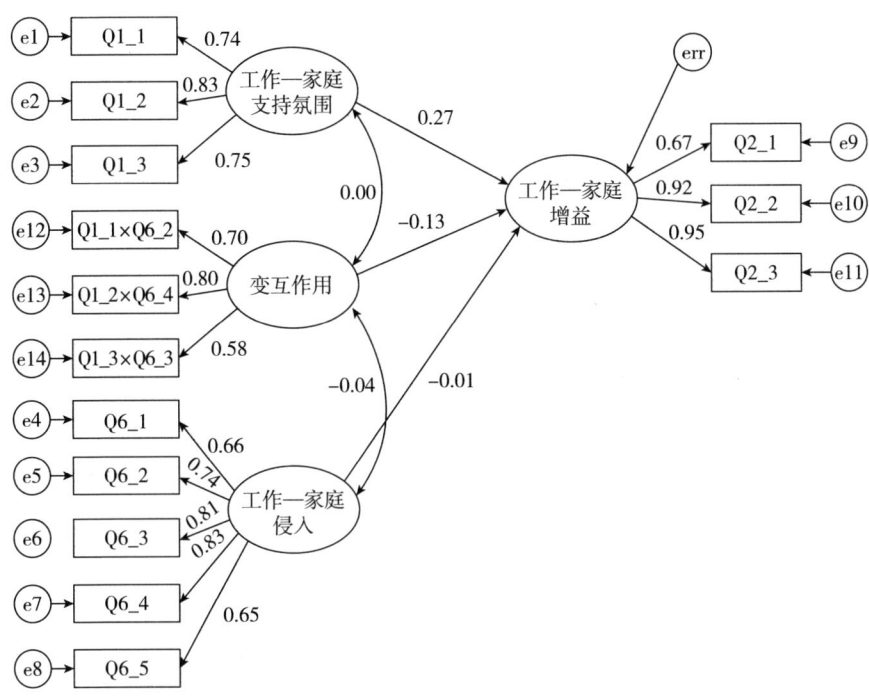

图 5-9 工作—家庭侵入对工作—家庭支持氛围与工作—家庭增益之间关系的调节作用模型

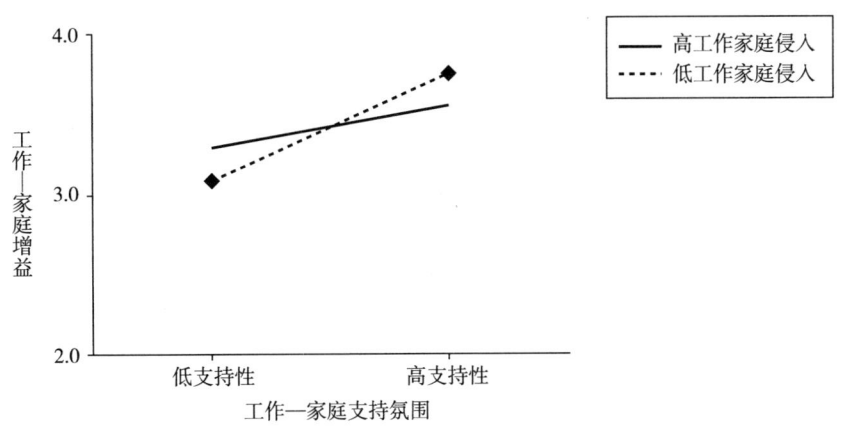

图 5-10 工作—家庭侵入对工作—家庭支持氛围与工作—家庭增益之间关系的调节作用

五、工作—家庭侵入对工作—家庭增益与心理契约违背之间关系的调节作用检验

侯杰泰（2004）指出，运用结构方程模型进行调节作用检验时，应该对自变量和调节变量进行中心化或者标准化。本书关于调节作用的检验方法是根据李茂能（2011）结构方程交互作用效果的检验方法：首先，将标准化后的自变量与调节变量做交互项的乘积指标，最后将乘积指标作为交互项的题项，将交互项作为一个新变量，检验交互项对结果变量的显著性。乘积指标的做法是参考 Marsh（2004）系统比较产生乘积指标的三种策略：全部交叉乘积、配对交叉乘积和单一乘积。由于工作—家庭增益变量只有 3 个题项，而工作—家庭侵入变量有 5 个题项，因此本书采用配对乘积指标的策略，按照"大配大，小配小"的原则，即自变量高因子负荷的题项与调节变量高因子负荷的题项应当配对相乘，同时，结合 Saris、Batista-Foguet 和 Coenders（2007）的建议——最高信度的指标应当配对相乘。因此，本书的具体做法是：工作—家庭增益的题项为 Q2_1、Q2_2、Q2_3，工作—家庭侵入的题项为 Q6_1、Q6_2、Q6_3、Q6_4、Q6_5，根据以上方法的介绍，按照大小高低顺序，构建乘积指标 Q2_1×Q6_2、Q2_2×Q6_3、Q2_3×Q6_4 作为交互作用项的指标，然后检验交互作用项的显著性。

1. 模型的变量和路径设定

通过分析可知，工作—家庭增益、工作—家庭侵入、心理契约违背的信度和效度均达到了要求，可以用于结构方程模型的分析。因此，根据工作—家庭增益、工作—家庭侵入和心理契约违背之间的相关关系画出路径图。

2. 模型的初步估计和评价

显变量的偏度和峰度的分析结果如表 5-21 所示，可见，本模型的显变量的偏度值和峰度值均满足数据分析的条件。

表 5-21 显变量的偏度和峰度分析

显变量	最小值	最大值	偏度	峰度
Q6_1	1	5	-0.001	-0.350
Q6_2	1	5	0.156	-0.197
Q6_3	1	5	0.139	0.157
Q6_4	1	5	0.188	0.262
Q6_5	1	5	-0.196	-0.370
Q2_1	1	5	-0.378	-0.603
Q2_2	1	5	-0.225	-0.666
Q2_3	1	5	-0.749	1.058
Q3_1	1	5	0.658	0.073
Q3_2	1	5	0.670	-0.079
Q3_3	1	5	0.912	0.679
Q3_4	1	5	0.667	-0.242

工作—家庭侵入对工作—家庭增益与心理契约违背之间关系调节作用的结构方程模型估计的拟合指标结果如表 5-22 所示。其中，χ^2/df 的值为 2.030，小于 5 的参考值，符合要求；CFI 值为 0.984，大于 0.9 的参考值；NFI 的值为 0.969，大于 0.9 的参考值；TLI 的值为 0.981，大于 0.9 的参考值；RMSEA 值为 0.039，小于 0.08 的参考值。所有指标都符合要求，可以认为工作—家庭侵入对工作—家庭增益与心理契约违背之间关系调节作用的结构方程模型拟合效果较好。

表 5-22 工作—家庭侵入对工作—家庭增益与心理契约违背之间关系调节作用的模型的拟合指标

拟合统计值	测量模型	参考值
χ^2/df	2.030	≤5
CFI	0.984	>0.9
NFI	0.969	>0.9
TLI	0.981	>0.9
RMSEA	0.039	<0.08

工作—家庭侵入对工作—家庭增益与心理契约违背之间关系调节作用的结构方程模型结果如图5-11所示。

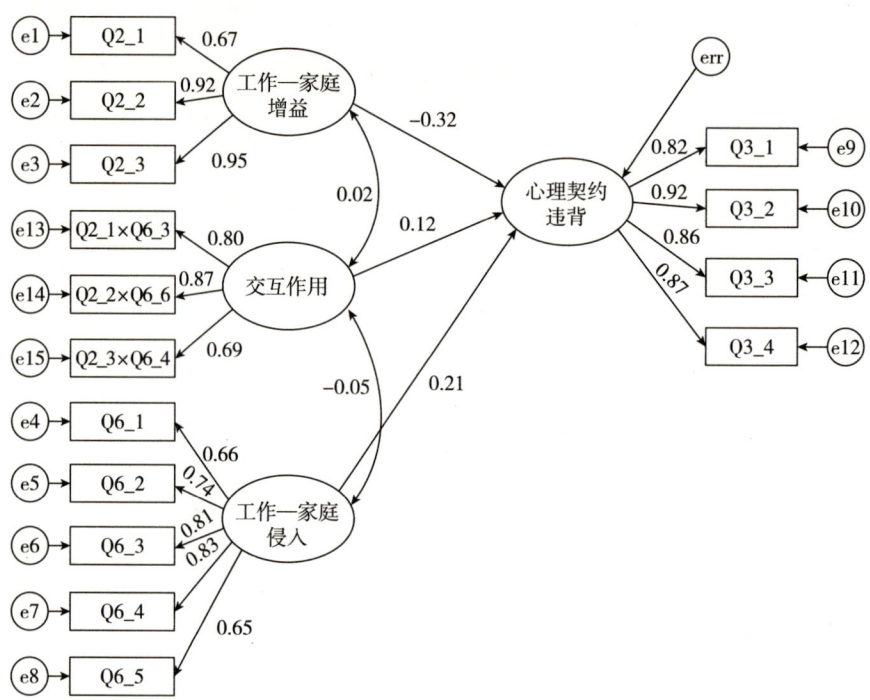

图5-11　工作—家庭侵入对工作—家庭增益和心理契约违背之间关系调节作用的模型

由图5-11可知，自变量工作—家庭增益对因变量心理契约违背的主效应为-0.32（$p<0.01$），这表明自变量工作—家庭增益对因变量心理契约违背具有显著的负向影响；自变量工作—家庭增益和调节变量工作—家庭侵入的交互项对因变量心理契约违背的交互影响显著（$\beta=-0.12$，$p<0.01$），这说明调节变量工作—家庭侵入对工作—家庭增益与心理契约违背之间关系有显著的负向影响，支持了假设5。

工作—家庭侵入对工作—家庭增益与心理契约违背之间关系的调节作用模型如图5-12所示。由图5-12可知，工作—家庭侵入对工作—家庭增益与心理契约违背之间的关系有显著的调节作用，具体表现为：当员工经历高水平的工作—家庭侵入时，工作—家庭增益对心理契约违背的负向影响较小；当员工经历低水平的工作—家庭侵入时，工作—家庭增益对心理契约违背的负向影响较明显。

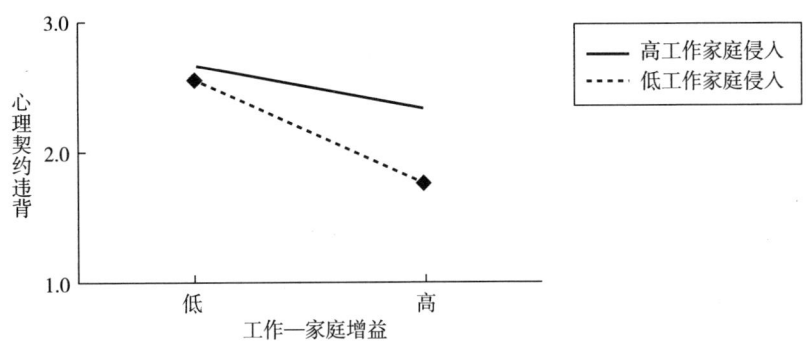

图 5-12　工作—家庭侵入对工作—家庭增益与心理契约违背之间关系的调节作用

六、本书模型的整体检验

根据当前结构方程建模的研究要求，必须检验总体结构模型的拟合度，即将中介模型和调节模型合成一个整体模型，然后检验其拟合度，总体模型如图 5-13 所示。总体模型的卡方自由度比为 3.114，小于参考值 5；RMSEA 的值为 0.055，小于参考值 0.08；CFI 和 TLI 的值均大于参考值 0.9，NFI 的值略小于参考值 0.9。各项指标具体值如表 5-23 所示。综合以上各项指标，表明总体模型的拟合度良好，证明该模型比较理想，再次验证了以下结论：工作—家庭支持氛围通过心理契约违背对心理抑郁和离职倾向产生负向影响；工作—家庭支持氛围对心理抑郁和离职倾向产生负向影响；工作—家庭支持氛围对心理契约违背产生负向影响；心理契约违背对离职倾向和心理抑郁产生正向影响；工作—家庭支持氛围通过工作—家庭增益对心理契约违背产生负向影响；工作—家庭支持氛围对工作—家庭增益产生正向影响；工作—家庭增益对心理契约违背产生负向影响；工作—家庭侵入对工作—家庭支持氛围与工作—家庭增益之间的关系具有负向的调节作用；工作—家庭侵入对工作—家庭增益与心理契约违背之间的关系具有负向的调节作用。

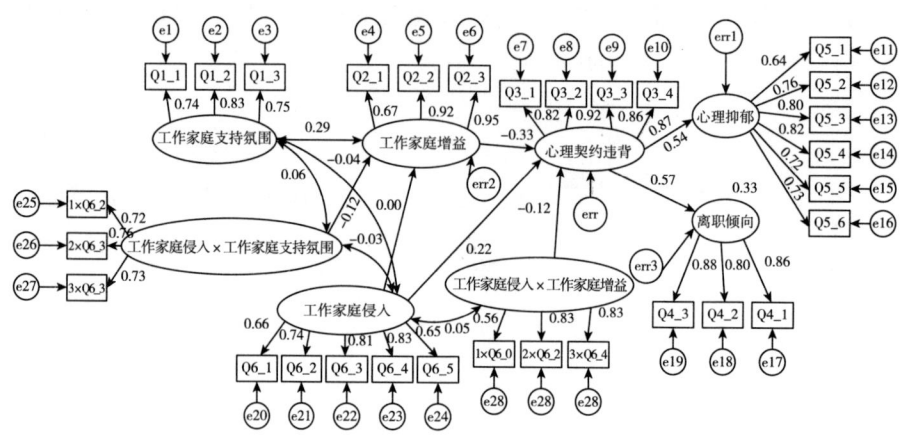

图 5-13 本书的整体模型结果

表 5-23 整体模型的拟合度指标

拟合统计值	测量模型	参考值
χ^2/df	3.114	≤5
CFI	0.922	>0.9
NFI	0.890	>0.9
TLI	0.916	>0.9
RMSEA	0.055	<0.08

在本章节中，本书运用了 SPSS 软件和 AMOS 软件分析所收集数据的基本特征和概念模型的统计分析结果。数据基本特征的分析结果表明，本书构建的变量和使用的量表满足信度和效度的检验标准，表明本书的数据能够很好地用以接下来的假设检验。概念模型的实证验证结果表明，本书提出的 12 项假设全部获得了支持，假设通过的情况汇总如表 5-24 所示。

从总体上来看，本书建立的工作—家庭支持氛围、工作—家庭增益、心理契约违背、工作—家庭侵入、离职倾向和心理抑郁的相关关系的概念模型是成立的。

表 5-24 假设检验结果汇总

假设	假设内容	结果
假设 1a	工作—家庭支持氛围与离职倾向之间具有负相关关系	成立
假设 1b	工作—家庭支持氛围与心理抑郁之间具有负相关关系	成立
假设 2a	工作—家庭支持氛围经心理契约违背部分中介，间接影响离职倾向	成立
假设 2b	工作—家庭支持氛围经心理契约违背部分中介，间接影响心理抑郁	成立
假设 2-1	工作—家庭支持氛围与心理契约违背之间具有负相关关系	成立
假设 2-2a	心理契约违背与离职倾向之间具有正相关关系	成立
假设 2-2b	心理契约违背与心理抑郁之间具有正相关关系	成立
假设 3	工作—家庭支持氛围对工作—家庭增益部分中介，间接影响心理契约违背	成立
假设 3-1	工作—家庭支持氛围与工作—家庭增益之间具有正相关关系	成立
假设 3-2	工作—家庭增益与心理契约违背之间具有负相关关系	成立
假设 4	工作—家庭侵入对工作—家庭支持氛围与工作—家庭增益之间的关系具有调节作用	成立
假设 5	工作—家庭侵入对工作—家庭增益与心理契约违背之间的关系具有调节作用	成立

第六章 研究结论与展望

  本书的主要目的在于，在现有对员工的离职倾向和心理抑郁的影响因素的研究基础之上，从组织的工作—家庭支持氛围的角度来重新理解离职倾向和心理抑郁，并以员工的工作—家庭增益和心理契约违背为中介变量，以工作—家庭侵入为调节变量来尝试解释工作—家庭支持氛围对员工的离职倾向和心理抑郁的影响机制和方式。通过对工作—家庭支持氛围、工作—家庭增益、工作—家庭侵入、心理契约违背、离职倾向、心理抑郁六个理论变量的文献回顾，本书主要探讨了组织如何构建良好的工作—家庭关系以解决可能困扰每个员工和组织的离职问题和负面情绪问题。在我国企业背景下，我们具体分析了工作—家庭支持氛围、工作—家庭增益、心理契约违背对离职倾向和心理抑郁的直接作用和间接作用，并分析了工作—家庭侵入的情境化作用。在此基础上，我们提出了12个假设，通过对我国员工的调查，共获得688份完整有效的问卷，然后对这688个样本进行了统计分析，12个假设全部获得了数据的支持，总体上验证了本书所提出的概念模型。本章将进一步论述和分析本书假设的验证结果，依据本书结果归纳出理论意义和实践意义，并指出本书研究的不足和未来的研究建议。

第一节 研究结论与讨论

  员工的离职倾向和抑郁情绪对个体家庭和组织会产生消极的结果，主要体现为不和谐的家庭生活、低沉的工作士气和不容乐观的工作效率。理论的研究也对此进行了深入的探讨。学者们从多方面的理论变量出发，来讨论组织中能够对员工的离职倾向和消极情绪产生影响的因素，但是到目前为止，研究的关注点主要集中于个体相关变量（Mynatt and Omundson, 1997; Kim et al., 2005; 张艳红等, 2010）、组织相关变量（Barak and Levin, 2006; Holtom et al., 2004）、工作相关变量（Holtom et al., 2004; Crossly et al., 2007; Pomaki and DeLongis, 2010; Emberland and Rundmo, 2010; 任慈等, 2009），而很少有研究考察组织的支持性的氛围因素能对员工的离职倾向和心理抑郁产生什么样的影响。因此，基于工作—家庭关系理论和心理契约方面的理论内容，本书探索了组织的工作—家庭支持氛围对员工的离职倾向和心理抑郁的影响，研究发现，组织的工作—家庭支持氛围能直接对员工的离职倾向和心理抑郁产生显著性的影响。为了能够更好地揭示工作—家庭支持氛围对离职倾向和心理抑郁的影响机制，基于相关文献的研究，本书将员工的工作—家庭增益和心理契约违背作为衔接两者关系的纽带深入探索工作—家庭支持氛围对离职倾向和心理抑郁的影响机制，并将工作—家庭侵入作为情境变量考察其对这一影响机制的情境化影响。基于问卷调查所获取的数据，分析表明，组织的工作—家庭支持氛围通过影响员工的工作—家庭增益对心理契约违背产生影响，进而间接影响员工的离职倾向和心理抑郁。具体的分析结果表明，工作—家庭增益在工作—家庭支持氛围与心理契约违背的关系中起到了部分中介的作用。心理契约违背在工作—家庭支持氛围与离职倾向和心理抑郁的关系中起到了部分中介的作用。工作—家庭侵入在工作—家庭支持氛围与工作—家庭增益的关系中起到了显著的调节作用。工作—家庭侵入在工作—家庭增益与心理契约违背的关系中起到了显著的调节作用。

通过对工作—家庭支持氛围与离职倾向和心理抑郁之间关系的研究，我们可以从组织支持家庭的氛围的角度来认识离职倾向和心理抑郁，以工作—家庭增益和心理契约违背为中介变量更深刻地解释工作—家庭支持氛围对离职倾向和心理抑郁的影响机制。同时，通过对工作—家庭侵入有关文献的研究，本书认为，工作—家庭侵入能够作为影响工作—家庭支持氛围与工作—家庭增益之间关系、工作—家庭增益与心理契约违背之间关系的调节变量,并据此提出了研究假设。从本书的假设检验结果来看,我们的理论模型获得了数据的支持,这说明本书的概念框架总体上符合现实中员工的工作—家庭关系对其态度和情绪的影响情况,具有重要的理论和实践意义,下面将对这些假设检验结果进行详细讨论。

一、工作—家庭支持氛围对离职倾向和心理抑郁的主效应

本书提出的假设 1a 和假设 1b 分别描述了工作—家庭支持氛围与离职倾向、工作—家庭支持氛围与心理抑郁之间的关系。从实证检验结果来看,假设 1a 和假设 1b 都获得了统计支持。

假设 1a 表明,组织提供支持性的工作—家庭支持氛围可以降低员工的离职倾向。这与许多一般组织行为范畴的研究结论具有一致的观点,比如 Wayne 等(2006)、Mauno 等(2011)、Kinnunen 等(2005)、Mesmer-Magnus 和 Wisvesvaran(2006)等,这些研究都指出组织的支持性的工作—家庭支持氛围是促进员工积极行为和态度、降低员工消极行为和态度的一个重要因素。

我们在文献综述部分曾指出,组织支持是员工依附组织的基本条件,学者们也经常以此来定义工作—家庭支持氛围,即把工作—家庭支持氛围定义为组织对员工的家庭相关方面的关心、重视及支持程度。一般来说,组织和员工之间的雇佣关系也是一种社会交换关系,参与社会交换的双方都会对各自的回报和成本进行估计,从而决定他们的行为和双方的关系质量(Blau,1964)。对于员工而言,这意味着员工会根据其对组织的奉献和组织给予的回报做出成本—收益分析。组织的支持性的工作—家庭支持氛围催化了组织与员工之间积极的社会交换关系,而这种积极的交换关系使员工对组织回报以更积极的工作态度,如离职倾向的降低。也就是说,组织的支持性的工作—家庭支持氛围对员工的离职倾向具有显著的负向影响。

假设 1b 表明,组织的工作—家庭支持氛围与员工的心理抑郁呈现负向关系,即组织的支持性的工作—家庭支持氛围会降低员工的心理抑郁的程

度。这与 Weinberg 和 Creed（2000）、Stansfeld 等（1999）的研究一致，更加验证了员工在组织中获得支持能促进其心理健康。这也验证了 Johnson 和 Hall（1988）的"工作需求—控制—支持"模型。Sanne 等（2005）研究发现，当组织给予员工高度的支持时，这也意味着工作需求的降低和工作自主性的提高，这些情境可以缓解员工的心理健康问题，特别是抑郁和焦躁不安等症状。Stansfeld 等（1999）的研究同样表明，当个体获得的自主决定范围和社会支持越多，其积极情绪越多。可以推论，组织支持性的工作—家庭支持氛围意味着组织给予了员工更多的组织支持和工作自主性以应对工作和家庭对员工的角色需求，从而会降低员工由于角色高负荷而引发的消极情绪，如心理抑郁。

二、心理契约违背在工作—家庭支持氛围与离职倾向和心理抑郁之间的中介作用

本书提出的假设 2-1、假设 2-2a、假设 2-2b 分别描述了工作—家庭支持氛围与心理契约违背、心理契约违背与离职倾向、心理契约违背与心理抑郁之间的关系，而这三个假设的提出都是为假设 2a 和假设 2b 的提出做铺垫，即心理契约违背对工作—家庭支持氛围影响离职倾向和心理抑郁的过程起到一定程度的中介作用。从实证检验结果来看，假设 2-1、假设 2-2a、假设 2-2b、假设 2a 和假设 2b 都获得了统计检验的支持，即员工的心理契约违背在工作—家庭支持氛围与员工的心理抑郁和离职倾向之间起到显著的部分中介作用。

实证检验结果显示了工作—家庭支持氛围"为什么"和"怎么样"对员工的离职倾向和心理抑郁发生作用。良好拟合模型显示工作—家庭支持氛围既通过降低员工感知到的心理契约违背进一步影响员工的离职倾向和心理抑郁，又存在直接作用路径对员工的离职倾向和心理抑郁产生影响。也就是说，工作—家庭支持氛围导致员工离职倾向和心理抑郁降低的效应，既有通过员工感知到的心理契约违背的降低为中介的传导路径，又有直接作用路径。由此可见，工作—家庭支持氛围对员工的离职倾向和心理

抑郁的影响作用中，通过员工感知到的心理契约违背降低为中介的传导路径是一个非常重要的途径。

本书发现验证了已有研究对心理契约理论变量与其他变量之间关系的结果。例如，Zhao等（2006）、Cassar和Briner（2011）等研究发现心理契约违背的中介作用。但是，与之前研究有所不同的是，本书发现，心理契约违背对员工工作—家庭支持氛围影响离职倾向和心理抑郁的过程具有中介作用。通过对假设1a、假设1b、假设2a和假设2b的验证可以看出，工作—家庭支持氛围能够直接影响员工的离职倾向和心理抑郁，还可以通过心理契约违背间接影响员工的离职倾向和心理抑郁。

本书的实证分析表明，心理契约违背在工作—家庭支持氛围与员工的离职倾向和心理抑郁之间起到中介作用。"工作—家庭支持氛围—心理契约违背—个体相关结果"的理论研究框架适合从心理契约的角度来解释工作—家庭支持氛围对个体的行为倾向和情绪的影响。从以上论述与分析看，本书认为，心理契约违背在工作—家庭支持氛围影响离职倾向和心理抑郁的过程中起到部分中介作用。

三、工作—家庭增益在工作—家庭支持氛围与心理契约违背之间的中介作用

本书提出的假设2-1、假设3-1、假设3-2分别描述了工作—家庭支持氛围与心理契约违背、工作—家庭支持氛围与工作—家庭增益、工作—家庭增益与心理契约违背之间的关系，而这三个假设的提出都是为假设3的提出做铺垫，即工作—家庭增益对工作—家庭支持氛围影响心理契约违背的过程起到一定程度的中介作用。从实证检验结果来看，假设2-1、假设3-1、假设3-2和假设3都获得了统计检验的支持，即员工的工作—家庭增益在工作—家庭支持氛围与员工的心理契约违背之间起到部分中介作用。

工作—家庭增益对工作—家庭支持氛围与心理契约违背之间关系的中介效应研究显示了工作—家庭支持氛围"为什么"和"怎么样"对心理契

约违背发生作用。拟合模型显示工作—家庭支持氛围既通过提高员工的工作—家庭增益进一步影响员工的心理契约违背感知，又存在直接作用路径对员工的心理契约违背产生影响。也就是说，组织的工作—家庭支持氛围导致员工的心理契约违背降低的效应，既有通过员工的工作—家庭增益的提高为中介的传导路径，又有直接作用路径。由此可见，组织的工作—家庭支持氛围对员工的心理契约违背感知的影响作用中，通过员工的工作—家庭增益的提高为中介的传导路径是一个非常重要的途径。这一路径对管理实践的启示在于，组织应该重视其对员工家庭生活的支持和帮助，通过员工的工作—家庭增益的提高可以在一定程度上提高组织的工作—家庭支持氛围通过这一路径而降低员工感知到的心理契约违背。

在以往的研究中，如 Bordeaux 和 Brinley（2005）、Wu 等（2011）分别从员工对组织的情感承诺和心理依附的角度解释了工作—家庭支持氛围对员工与组织之间关系的积极促进作用，但没有从员工的心理契约的角度探索工作—家庭支持氛围对员工与组织关系的促进作用及其内在机制。本书从工作—家庭增益的视角探索工作—家庭支持氛围对员工的心理契约违背的影响过程，在以往的研究中，如 Warren 和 Johnson（1995）、Wayne 等（2006）、Behson 等（2005）研究都发现，组织的支持性的工作—家庭支持氛围能为员工营造轻松的工作环境，并促使员工将工作视为实现更高质量的家庭生活的途径而不是导致员工的角色冲突的诱因，从而使员工感知到工作对家庭的增益。也有学者发现，工作—家庭界面关系可以作为工作—家庭支持氛围对个体相关结果（如工作满意度、疲劳感）的中介变量（Dikkers et al.，2005；Peeters et al.，2009）。特别指出，本书结论表明，工作—家庭增益在工作—家庭支持氛围对心理契约违背的影响过程中起到中介作用。假设 2-1 和假设 3 表明，工作—家庭支持氛围不仅可以直接影响员工的心理契约违背，更重要的是，也可以通过工作—家庭增益间接影响员工的心理契约违背。

这一结果说明，工作—家庭增益在工作—家庭支持氛围和心理契约违背之间起到了桥梁的作用，"工作—家庭支持氛围—工作—家庭增益—心理契约违背"的理论研究框架适合从工作—家庭之间的积极促进关系角度来解释工作—家庭支持氛围对员工的心理契约违背的影响。基于上述对工作—家庭支持氛围与工作—家庭增益之间的关系、工作—家庭增益与心理契约违背之间的关系、工作—家庭支持氛围与心理契约违背之间的关系的文献回顾与相关数据处理,本书认为,工作—家庭增益对工作—家庭支持氛围影响心理契约违背的过程具有部分中介作用。

四、工作—家庭侵入对工作—家庭支持氛围与工作—家庭增益之间关系的调节作用

本书的假设 4 表明,工作—家庭侵入对工作—家庭支持氛围影响工作—家庭增益的过程起到显著的调节作用,具体表现为:员工体验到的工作—家庭侵入越强,工作—家庭支持氛围与工作—家庭增益的正相关关系越弱。本书的实证分析结果支持了假设 4。实证结果表明,员工经历的工作—家庭侵入的强弱调节了工作—家庭支持氛围与工作—家庭增益的正向关系。

Gajendran 和 Harrison(2007)曾经指出,工作—家庭侵入意味着个体能很好地整合工作和家庭之间的边界,并且个体能够有效管理和协调工作角色和家庭角色对个体的需求。但他们并没有从实证层面对该论点进行检验。但大部分研究者却提出了不同的观点,如 Olson-Buchanan 和 Boswell(2006)、Voydanoff(2005)的实证研究都支持工作—家庭侵入意味着个体感受到来自工作角色和家庭角色之间的冲突的增加,会加剧个体体验到的工作—家庭冲突。这些研究都是从工作—家庭侵入的角度来对员工的工作—家庭关系进行解释,而本书则强调,工作—家庭侵入不仅能够对工作—家庭之间关系发挥直接的作用,还能够作为调节变量来影响其他变量与工作—家庭界面的关系,尤其地,研究结果显示,工作—家庭侵入对工作—家庭支持氛围与工作—家庭增益之间的关系起到调节作用。本书实证研究发现,工作—家庭支持氛围对员工的工作—家庭增益具有直接影响,但是这种软性的、文化层面上的组织制度因素在落地实施的过程中,不可避免地会受到实践中员工的工作和家庭之间的相互关系的作用影响。

对于工作—家庭侵入的体验，取决于两个方面的因素：一是工作对家庭的时间侵入和角色侵入的程度；二是当客观上的工作—家庭侵入程度相同时，员工主观上感受到工作—家庭侵入程度的差异。从前者来看，如果员工的工作对其家庭角色的履行存在很大的干扰，那么，就会导致实际的工作—家庭侵入程度较高。根据本书的结果，可以判断，这种情况会直接影响组织的工作—家庭支持氛围对工作—家庭增益的影响。此外，员工的感受方式和感受程度的不同势必会造成工作—家庭侵入程度的感受差异。本书的研究结果表明，员工体验到的工作—家庭侵入的差异，能够对组织的工作—家庭支持氛围与工作—家庭增益之间的关系产生作用。其中，当员工对工作—家庭侵入程度体验较低时，组织的支持性的工作—家庭支持氛围能更好地发挥积极作用，从而促进员工工作—家庭增益水平的提高；而对于那些工作—家庭侵入程度体验较高的员工而言，工作—家庭支持氛围对工作—家庭增益的影响力就会较弱。

五、工作—家庭侵入对工作—家庭增益与心理契约违背之间关系的调节作用

本书的假设5表明，工作—家庭侵入对工作—家庭增益影响心理契约违背的过程起到调节作用，具体而言，工作—家庭增益与心理契约违背之间的负相关关系会随着员工体验到的工作—家庭侵入程度的加强而增强。通过对所收集数据的实证分析，假设5获得了支持。分析结果显示，员工经历的工作—家庭侵入程度调节了工作—家庭增益与心理契约违背之间的负相关关系。

以往的文献表明，工作—家庭增益是个体参与工作和家庭角色导致的积极结果，已有实证研究表明，参与多种角色对个体的心理和生理健康有积极的影响（Barnett and Hyde，2001），然而工作—家庭增益的积极结果的实证研究仍然很少（Wayne et al.，2006）。心理契约违背描述了员工感知到组织违背承诺的心理状态，但是鲜有研究涉及工作—家庭增益对员工的这种心理状态的影响，也鲜有研究探索可能的调节变量对这一影响过程

的作用。因为当考虑到个体的工作—家庭增益对员工的相关结果的影响时，应该考虑到由于个体或环境的种种原因（如低自我效能、组织的政策）而影响个体的工作—家庭增益的积极作用。例如，当个体低估自身同时扮演工作角色和家庭角色的能力时，也就是说，个体不相信可以通过工作—家庭增益发展其资源，那么他就不会体验到工作—家庭增益的积极结果（Andreassi and Thompson, 2007; Van Steenbergen, Ellemers, Haslam, and Urlings, 2008）。

对于工作—家庭侵入的体验，取决于两个方面的因素，一是工作对家庭的时间侵入和角色侵入的程度，二是即使在客观上工作—家庭侵入的程度相同，员工主观上对于工作—家庭侵入程度的感受差异。从前者来看，如果员工的工作对其家庭角色的履行存在很大的干扰，那么，就会导致实际的工作—家庭侵入程度较高。根据本书的研究结果，可以判断，这种情况会直接影响员工的工作—家庭增益对员工的心理契约违背的作用程度。从后者来看，由于员工的感受方式与感受水平的不同，员工对于工作—家庭侵入程度的感受会因人而异。根据本书的研究，员工体验到的工作—家庭侵入的差异，能够对工作—家庭增益与心理契约违背之间的关系产生作用。对于那些工作—家庭侵入程度体验较低的员工来说，员工体验到的工作与家庭之间的增益关系更强烈，从而能更有效地降低员工的心理契约违背的感知；而对于那些工作—家庭侵入程度体验较高的员工而言，工作—家庭增益对心理契约违背的影响力就会较弱。

第二节　研究结论的实践启示

本书在我国企业背景下探讨了工作—家庭支持氛围、工作—家庭增益、心理契约违背对离职倾向和心理抑郁的直接效应和间接效应，并探讨了工作—家庭侵入的调节效应。本书所提出的12个研究假设全部获得了数据的支持，研究结论为现代组织管理如何降低员工的离职倾向和心理抑郁提供了实践启示，主要体现为以下几个方面：

第一，组织管理者要从思想上认识到员工离职倾向和心理抑郁的影响要素的多样性。这就要求组织管理者认识到，员工的离开和负面情绪的产生不仅仅是组织的报酬不到位，尤其随着新生代员工无论从数量上还是从职位分布上日益成为越来越多组织的中流砥柱，他们对工作的要求不仅仅是满足其经济需要，更多的是要满足其他需求，如成就感、家庭需求。也就是说，组织不仅要从经济刺激的角度吸引、留住和激励员工，更重要的是，从更人性化的角度支持和帮助员工的家庭生活。本书发现，组织的支持性的工作—家庭支持氛围能够对员工的离职倾向和心理抑郁产生显著的负向影响。在以往的组织管理中，企业组织往往通过物质奖励或者精神激励的方式表达对员工的重视和关心。然而本书的研究结果则表明，组织的支持性的工作—家庭支持氛围也是影响离职倾向和心理抑郁发生的重要因素。由此说明，组织制定一系列相关的家庭支持政策重视和满足员工的家庭需求是相当必要的。在实践中，组织可以定期组织员工家属的茶话会，或者允许员工互相分享家庭问题，组建家庭互帮互助小组，并且定期给员工提供一定的信息支持和物质支持帮助员工解决家庭问题，尽量为员工的工作和家庭之间边界的整合需求提供最大的便利和帮助，减少员工因难以协调工作和家庭而产生的离职念头和负面情绪。

第二，组织实践中要重视员工工作和家庭之间的互益关系的培养和开发。本书发现，员工的工作—家庭增益能够在工作—家庭支持氛围与心理契约违背之间起到部分中介的作用。该发现支持了工作—家庭支持氛围对心理契约违背的影响，除了直接影响外，也会以工作—家庭增益为中介产生间接影响。由此说明，当今管理实践有必要重视员工的工作和家庭之间的互益关系，当员工的工作和家庭之间互相积极促进时，员工不但会有积极愉快的心理体验，而且会因为工作对家庭的积极促进而对组织产生良好的心理契约，而且根据以往对工作—家庭增益的研究发现，可以通过多种途径提高工作和家庭之间的互益程度。基于这个视角，组织管理者有必要采取一定的具体措施增进工作对家庭的积极影响，如员工福利政策的设计以满足员工的家庭需求为宗旨，尽量实现人性化。具体措施如：员工福利按照员工年龄、性别、家庭结构等情况按需发放；从员工的需求出发解决员工的子女上学问题；允许员工在保质保量的前提下把工作带回家做。此外，组织管理者也要从思想上意识到员工的家庭对工作的重要影响，因为只有当管理者思想上的重视会影响到管理风格和制度制定时，才能真正持久发挥工作—家庭增益在员工工作—家庭支持氛围与心理契约违背之间的积极作用。

第三，组织管理层应该重视员工的心理契约的维护和增强。本书发现，员工的心理契约违背能够在工作—家庭支持氛围与离职倾向和心理抑郁之间起到部分中介的作用。这说明工作—家庭增益对离职倾向和心理抑郁的作用，从某种意义上是以员工的心理契约为介质。这就提醒组织管理者，要重视维护组织与员工的之间的心理契约，切忌向员工许空头承诺。因为员工对组织的承诺会产生很高的期望，而当组织没能实现承诺时，员工必然会对组织不满进而产生离开组织的念头。在组织实践中，管理者应该谨慎作出对员工的承诺，避免员工产生大失所望的消极想法，对员工作出的承诺应尽量准确、具体，以方便衡量组织实现和履行承诺的结果，否则很容易因为组织和员工双方的认知偏差而对组织的履行程度产生不同的评价。更可取的是，管理者可以给员工惊喜，这种惊喜带来的积极情绪更有利于员工的忠诚，比如，组织可以不定期为员工提供早餐或小点心，偶尔送员工小礼物等。同时组织管理者应该就员工的家庭需求信息与员工进行充分交流，尽量通过交流减少甚至避免员工和组织对心理契约内容的理解偏差，如召开员工大会让员工充分表达自己的家庭方面的需求和问题，或者通过一对一的沟通与交流全面准确了解员工需要组织提供何种帮助，通过交流便于组织与员工相互了解，减少因为理解歧义而带来的消极情感。

第四，由于心理契约违背的过程始终伴随以心理抑郁为主的消极情感体验，因此组织管理者应该重视对员工施以积极的情感管理。组织管理者要多了解员工的家庭生活、尊重员工的家庭需要、关心员工的感情，积极愉快的情感不仅可以增进组织的工作氛围和员工之间的同事关系，而且可

第六章 研究结论与展望

以使员工对组织产生更强的依附感和心理依赖,而员工对组织的高依附感和心理依赖势必有利于双方之间的心理契约的维护和提升。国外的许多组织中都设有Consoler(安慰者)一职,专门负责处理员工的心理和感情问题。国内组织可以对此加以借鉴,通过制订心理健康计划,为员工的家庭问题开展咨询服务,为员工的家庭生活提供帮助并改善员工消极的情感状态,使得员工切实感觉到组织的关心和爱护,引导员工产生积极情感并忠于组织。

第五,组织需要意识到员工的工作—家庭增益和心理契约违背的出现,会受到其他情境因素的影响。本书研究发现,工作—家庭侵入能够调节工作—家庭支持氛围与工作—家庭增益之间的关系、工作—家庭增益与心理契约违背之间的关系。这些研究表明,员工的工作—家庭支持氛围对离职倾向和心理抑郁的影响,并非简单的线性关系,其中还会受到其他情境变量的影响。因此,对于组织中的管理层来说,当组织从政策和思想上表达了对员工家庭生活的支持时,实践层面也要保证一致性。也就是说,除了从制度和氛围层面注意对员工的家庭生活的支持和帮助之外,也要在日常实践中防止工作相关事务对员工家庭的干扰,尽量避免周末加班、开会,周末出差尽量以其他方式给予补偿,适当地界定好工作与家庭之间的边界,尽量避免员工在家里仍然处理工作方面的事务,使组织氛围层面的支持家庭的制度与实践层面的支持家庭的操作相契合,使员工真正体验到工作和家庭之间的积极互益关系。同时,实践层面支持家庭的措施与氛围层面支持家庭的制度的一致性,也会使员工感知到组织兑现了员工与组织之间的心理契约,从而产生积极的情感体验并更加忠于组织。

第三节　研究展望

第一,在研究内容上,一些学者指出,除了组织层面的工作—家庭支持氛围能为员工的家庭生活营造支持性的环境外,还有一些个体层面的因素同样值得研究,如直接主管对员工的家庭需求的支持和关注,同事之间对彼此家庭生活的帮助。为此，在今后的研究中，有必要对直接主管和同事对员工的家庭生活的支持和帮助进行深入的探索。此外，在今后的研究中，有必要从工作—家庭之间的消极关系即工作—家庭冲突的角度探索工作—家庭支持氛围对个体和组织结果变量的影响机制。这些研究无疑会丰富我们对组织中员工的情绪和行为倾向的了解与预测。

第二，在研究设计上，学者们已经指出工作—家庭之间关系的双向性，也就是说，除了员工的工作对家庭的影响外，也存在家庭对工作的影响。为此，在今后的研究中，有必要考察员工的家庭给工作带来的消极影响或积极作用对个体或组织的结果变量的影响，这无疑会使我们更加清楚地看到工作和家庭之间关系的双向性及其对个体的影响。

第三，按照对心理契约最初的定义，心理契约表达了员工与所在组织对对方应履行的责任和义务的期望。由于组织在雇佣关系中拥有较大的主动性和决定权，本书仅研究组织对员工的影响。但在实践中，组织与员工之间的影响关系应该是双向的。因此，如何探讨组织与员工之间的双向互动对员工的行为倾向和情感体验的影响作用，应该是未来深入研究的方向之一。

参考文献

[1] Adams G. A., Woolf J., L., Castro C. A., Adler A. B. Leadership, family supportive organizational perceptions, and work-family conflict [C]. Los Angeles: The 19th Annual Meeting of the Society for Industrial and Organizational Psychology, 2005 (4).

[2] Allen D. G., Weeks K. P., and Moffitt K. R. Turnover intentions and voluntary turnover: the moderating roles of self-monitoring, locus of control, proactive personality, and risk aversion [J]. Journal of Applied Psychology, 2005, 90 (5): 980-990.

[3] Allen R. G., Keller J., Martin D. Center pivot system design [M]. Falls Church, VA: Irrigation Association, 2000.

[4] Allen T. Family-supportive work environment: The role of organizational perceptions [J]. Journal of Vocational Behavior, 2001, 58 (3): 414-435.

[5] Allen T. D., Herst D. E. L., Bruck C. S., and Sutton M. Consequences associated with work-to-family conflict: A review and agenda for future research [J]. Journal of Occupational Health Psychology, 2000, 5 (2): 278-308.

[6] Anderson D. M., Morgan B. L., and Wilson J. B. Perceptions of family-friendly policies: University versus corporate employees [J]. Journal of Family and Economic Issues, 2002, 23 (1): 73-92.

[7] Anderson S. E., Coffey B. S., and Byerly R. T. Formal organizational initiatives and informal workplace practices: Links to work-family conflict and

job-related outcomes [J]. Journal of Management, 2002, 28 (6): 787-810.

[8] Argyris C. Understanding Organizational Behavior [M]. Homewood, IL: Dorsey Press, 1960.

[9] Aryee S., Srinivas E. S., Tan H. H. Rhythms of life: antecedents and outcomes of work-family balance in employed parents [J]. Journal of Applied Psychology, 2005, 90 (1): 132-146.

[10] Aryee S. Antecedents and outcomes of work-family conflict among married professional women: Evidence from Singapore [J]. Human Relations, 1992, 45: 813-837.

[11] Aryee S. and Luk V. Work and nonwork influences on the career satisfaction of dual-earner couples [J]. Journal of Vocational Behavior, 1996, 49 (1): 38-52.

[12] Aryee S., Fields D., and Luk V. A cross-cultural test of a model of the work-family interface [J]. Journal of Management, 1999, 25 (4): 491-511.

[13] Ashforth B. E., Kreiner G. E., and Fugate M. All in a day's work: Boundaries and micro-role transitions [J]. Academy of Management Review, 2000, 25 (3): 472-491.

[14] Baral R. and Bhargava S. Work-family enrichment as a mediator between organizational interventions for work-life balance and job outcomes [J]. Journal of Managerial Psychology, 2010, 25 (3): 274-300.

[15] Barnett R. C., Gordon J. R., Gareis K. C., et al. Unintended consequences of job redesign: Psychological contract violations and turnover intentions among full-time and reduced-hours MDs and LPNs [J]. Community, Work & Family, 2004, 7 (2): 227-246.

[16] Barnett R. C. and Hyde J. S. Women, men, work and family [J]. American psychologist, 2001, 56 (10): 781-796.

[17] Barnett R. C. and Gareis K. C. Role perspectives on work and family [M]//Pitt-Catsouphes M., Kossek E. E., and Sweet S. The work and family

handbook: Multi-disciplinary perspectives and approaches. Mahwah, NJ: Lawrence Erlbaum Associates Publishers, 2006.

[18] Barnett R., Marshall N. L., and Sayer A. Positive-spillover effects from job to home: A closer look [J]. Women and Health, 1992, 19 (2): 13-41.

[19] Baron R. M. and Kenny D. A. The moderator-mediator variable distinction in social psychological research: Conceptual, strategic, and statistical considerations [J]. Journal of Personality and Social Psychology, 1986, 51 (6): 1173-1182.

[20] Bashir S. and Ramay M. I. Determinants of organizational commitment: A study of information technology professionals in Pakistan [J]. Institute of Behavioral and Applied Management, 2008, 7 (4): 226-238.

[21] Behson S. J. The relative contribution of formal and informal organizational work-family support [J]. Journal of Vocational Behavior, 2005, 66 (3): 487-500.

[22] Blau P. M. Exchange and Power in Social Life [M]. New Brunswick, NJ: Transaction Publishers, 1964.

[23] Brägger U., Karoussis I., Persson R., Pjetursson B., Salvi G., and Lang N. Technical and biological complications/failures with single crowns and fixed partial dentures on implants: a 10-year prospective cohort study [J]. Clinical Oral Implants Research, 2005, 16 (3): 326-334.

[24] Bruck C. S., Allen T. D., and Spector P. E. The relation between work-family conflict and job satisfaction: A finer-grained analysis [J]. Journal of Vocational Behavior, 2002, 60 (3): 336-353.

[25] Budros A. A conceptual framework for analyzing why organizations downsize [J]. Journal of the Institute of Management Sciences, 1999, 10: 69-83.

[26] Bunderson J. S. How work ideologies shape the psychological contracts of professional employees: doctors' responses to perceived breach [J]. Journal of Organizational Behavior, 2001, 22 (7): 717-741.

[27] Burke R. J. and Greenglass E. R. Work-family conflict, spouse support, and nursing staff well-being during organizational restructuring [J]. Journal of Occupational Health Psychology, 1999, 4 (4): 327-336.

[28] Byron K. A meta-analytic review of work-family conflict and its antecedents [J]. Journal of Vocational Behavior, 2005, 67: 169-198.

[29] Cappelli P. The New Deal at Work: Managing the Market-Driven Workforce [M]. Boston: Harvard Business School Press, 1999.

[30] Cardenas A. A., Amin S., and Sastry S. Secure control: Towards survivable cyber-physical systems [J]. IEEE Computer Society Washington, DC, 2008 (6): 17-20.

[31] Carlson D. S. and Frone M. R.. Relation of behavioral and psychological involvement to a new four-factor conceptualization of work-family transitionnce [J]. Journal of Business and Psychology, 2003, 17 (4): 515-535.

[32] Carlson D. S., Grzywacz J. G., and Kacmar K. M. The relationship of schedule flexibility and outcomes via the work-family interface [J]. Journal of Managerial Psychology, 2010, 25 (4): 330-355.

[33] Carlson D. S., Kacmar K. M., Wayne J. H., and Grzywacz J. G. Measuring the positive side of the work-family interface: Development and validation of a work-family enrichment scale [J]. Journal of Vocational Behavior, 2006, 68 (1): 131-164.

[34] Cassar V. and Briner R. B. The relationship between psychological contract breach and organizational commitment: Exchange imbalance as a moderator of the mediating role of violation [J]. Journal of Vocational Behavior, 2011, 78 (2): 283-289.

[35] Cavanaugh M. A. and Noe R. A. Antecedents and cosequences of relational components of the new psychological contract [J]. Journal of Organizational Behavior, 1999, 20: 323-340.

[36] Champoux J. E. Perceptions of work and nonwork A reexamination of

the compensatory and spillover models [J]. Work and Occupations, 1978, 5 (4): 402-422.

[37] Chen C. L. Optimal wind-thermal generating unit commitment [J]. IEEE Transactions on Energy Conversion, 2008, 23 (1): 273-280.

[38] Chiaburu D. S. and Tekleab S. V. What predicts skill transfer? An exploratory study of goal orientation, training self-efficacy and organizational supports [J]. International Journal of Training and Development, 2005, 9 (2): 110-123.

[39] Clark D. M. Social phobia and PTSD: why they persist and how to treat them [C]. Keynote address at the World congress of cognitive and behavioral therapies, Vancouver, B. C. , 2000.

[40] Clark S. C. Work/family border theory: A new theory of work/family balance [J]. Human relations, 2000, 53 (6): 747-770.

[41] Clark S. C. Borders between work and home, and work/family conflict [C]. Paper presented at the Academy of Management Conference, Denver, CO. , 2002.

[42] Conway N. and Briner R. B. Understanding psychological contracts at work: A critical evaluation of theory and research [M]. New York: Oxford University Press, 2005.

[43] Conway N. and Briner R. B. A daily diary study of affective responses to psychological contract breach and exceeded promises [J]. Journal of Organizational Behavior, 2002, 23 (3): 287-302.

[44] Coyle-Shapiro J. A. M. and Conway N. Exchange relationships: examining psychological contracts and perceived organizational support [J]. Journal of Applied Psychology, 2005, 90 (4): 774-781.

[45] Cropanzano R. , Rupp D. E. , Byrne Z. S. The relationship of emotional exhaustion to work attitudes, job performance, and organizational citizenship behaviors [J]. Journal of Applied Psychology, 2003, 88 (1): 160-169.

[46] Crouter A. C. Participative work as an influence on human development [J]. Journal of Applied Developmental Psychology, 1984, 5: 71-90.

[47] Crouter A. C. Spillover from family to work: The neglected side of the work-family interface [J]. Human Relations, 1984 (37): 425-441.

[48] Demerouti E. and Cropanzano R. From thought to action: Employee work engagement and job performance [M]//Bakker A. B. and Leiter M. P. Work engagement: A handbook of essential theory and research. New York: Psychology Press, 2010: 147-163.

[49] Denison D. R. What is the difference between organizational culture and organizational climate? A native's point of view on a decade of paradigm wars [J]. Academy of Management Review, 1996, 21 (3): 619-654.

[50] Desrochers S., Hilton J. M., and Larwood L. Measuring work-family boundary ambiguity: A proposed scale [C]. Bronfenbrenner Life Course Center Working Paper, 2002.

[51] Deutsch C. J. A survey of therapists' personal problems and treatment [J]. Professional Psychology: Research and Practice, 1985, 16 (2): 305-315.

[52] Dikkers J., Geurts S., Dulk L. Den Peper B., and Kompier M. Relations among work-home culture, the utilization of work-home arrangements, and work-home interference [J]. International Journal of Stress Management, 2004, 11 (4): 323-345.

[53] Dikkers J. S. E., Geurts S. A. E., Dulk L. den, Peper B., Taris T. W., and Kompier M. A. J. Dimensions of work-home culture and their relations with the use of work-home arrangements and work-home interaction [J]. Work & Stress, 2007, 21 (2): 155-172.

[54] Mauno S., Kinnunen U., and Pyykkö M. Does work-family conflict mediate the relationship between work-family culture and self-reported distress? Evidence from five Finnish organizations [J]. Journal of Occupational and Organizational Psychology, 2005, 78 (4): 509-530.

[55] Dulac T., Coyle-Shapiro J. A. M., Henderson D. J., et al. Not all responses to breach are the same: The interconnection of social exchange and psychological contract processes in organizations [J]. Academy of Management Journal, 2008, 51 (6): 1079-1098.

[56] Duxbury L. E. and Higgins C. A. Gender differences in work-family conflict [J]. Joumal of Applied Psychology, 1991, 76 (1): 60-74.

[57] Dyson-Washington F. The relationship between optimism and work-family enrichment and their influence on psychological well-being [D]. Philadelphia: Drexel University, 2006.

[58] Eby L. T., Casper W. J., Lockwood A., Bordeaux C., and Brinley A. Work and family research in IO/OB: Content analysis and review of the literature (1980-2002) [J]. Journal of Vocational Behavior, 2005, 66 (1): 124-197.

[59] Edwards J. R. and Rothbard N. P. Mechanisms linking work and family: clarifying the relationship between work and family constructs [J]. Academy of Management Review, 2000, 25 (1): 178-199.

[60] Edwards J. E. and Rothbard N. P. Work and family stress and well-being: An examination of person-environment fit in the work and family domains [J]. Organizational Behavior and Human Decision Processes, 1999, 77 (2): 85-129.

[61] Fierman J. Are companies less family-friendly? [J]. Fortune, 1994, 21 (3): 64-67.

[62] Ford M. T., Heinen B. A., and Langkamer K. L. Work and family satisfacti on and conflict: A meta-analysis of cross-domain relations [J]. Journal of Applied Psychology, 2007, 92 (1): 57-80

[63] Freese C. and Schalk R. Implications of differences in psychological contracts for human resource management [J]. European Journal of Work and Organizational Psychology, 1996, 5 (4): 501-509.

[64] Friedman D. E. and Galinsky E. Work and family issues: A legitimate business concern [M]. San Francisco: Jossey-Bass, 1992.

[65] Frone M. R., Yardley J. K., and Markel K. S. Developing and testing an integrative model of the work-family interface [J]. Journal of Vocational Behavior, 1997, 50 (2): 145-167.

[66] Gajendran R. S. and Harrison D. A. The good, the bad, and the unknown about telecommuting: Meta-analysis of psychological mediators and individual consequences [J]. Journal of Applied Psychology, 2007, 92 (6): 1524-1541.

[67] Geurts S. A. E., Taris T. W., Kompier M. A. J., et al. Work-home interaction from a work psychological perspective: Development and validation of a new questionnaire, the SWING [J]. Work and Stress, 2005, 19 (4): 319-339.

[68] Gneezy U. and Rustichini A. Pay enough or don't pay at all [J]. The Quarterly Journal of Economics, 2000, 115 (3): 791-810.

[69] Goff S. J., Mount M. K., and Jamison R. L. Employer supported child care, work/family conflict, and absenteeism: A field study [J]. Personnel Psychology, 1990, 43: 793-509.

[70] Gordon J. R., Whelan-Berry K. S., and Hamilton E. A. The relationship among work-family conflict and enhancement, organizational work-family culture, and work outcomes for older working women [J]. Journal of Occupational Health Psychology, 2007, 12 (4): 350-364.

[71] Greenhaus J. H., and Powell G. N. When work and family are Allies: A theory of work family enrichment [J]. Academy of Management Review, 2006, 31 (1): 72-92.

[72] Greenhaus J. H. and Beutell N. J. Source of conflict between work and family roles [J]. Academy of Management Review, 1985, 10: 76-88.

[73] Greenhaus J. H. and Parasuraman, S. Research on work, family,

and gender: Current status and future directions [C]. Thousand Oaks, CA: Sage, 1999.

[74] Grover S. L. and Crooker K. J. Who appreciates family - responsive human resource policies: The impact of family-friendly policies on the organizational attachment of parents and non-parents [J]. Personnel psychology, 1995, 48 (2): 271-288.

[75] Grzywacz J. G. and Marks N. F. Reconceptualizing the work - family interface: An ecological perspective on the correlates of positive and negative spillover between work and family [J]. Journal of Occupational Health Psychology, 2000, 5 (1): 111-126.

[76] Grzywacz J. G. Toward a theory of work - family enrichment [R]. Houston: 2002.

[77] Grzywacz J. G. and Butler A. B. The impact of job characteristics on work-to-family facilitation: Testing a theory and distinguishing a construct [J]. Journal of Occupational Health Psychology, 2005, 10 (2): 97-109.

[78] Grzywacz J. G., Carlson D. S., Kacmar K. M., and Wayne J. H. A multi-level perspective on the synergies between work and family [J]. Journal of Occupational and Organizational Psychology, 2007, 80 (4): 559-574.

[79] Guest D. and Conway N. Employee motivation and the psychological contract [M]. London: Institute of Personnel and Development, 1997.

[80] Guest D. Is the psychological contract worth taking seriously? [J]. Journal of Organizational Behavior, 1998, 19: 649-664.

[81] Guo X., Wu C., Chen Y., et al. Semantic Web-Based Learning Resources Organization [C]. Internet Technology and Applications (iTAP), 2011 International Conference on IEEE, 2011.

[82] Gutek B. A., Searle S., and Klepa L. Rational versus gender role explanations for work-family conflict [J]. Journal of Applied Psychology, 1991, 76 (4): 560-568.

[83] Guzzo M. and Morbidelli A. Construction of a Nekhoroshev like result for the asteroid belt dynamical system [J]. Celestial Mechanics and Dynamical Astronomy, 1996, 66 (3): 255-292.

[84] Haar J. M. and Bardoel E. A. Positive spillover from the work-family interface: A study of Australian employees [J]. Asia Pacific Journal of Human Resources, 2008, 46 (3): 275-287.

[85] Hair J. F., Black W., Babin B. Y. A., Anderson R. E., Tatham R. L. Multivariate Data Analysis [M]. London: Pearson, 2009.

[86] Hair J. F., Ringle C. M., and Sarstedt M. PLS-SEM: Indeed a silver bullet [J]. Journal of Marketing Theory and Practice, 2011, 19 (2): 139-151.

[87] Hammer L. B., Cullen J. C., Neal M. B., et al. The longitudinal effects of work-family conflict and positive spillover on depressive symptoms among dual-earner couples [J]. Journal of Occupational Health Psychology, 2005, 10 (2): 138-154.

[88] Hammer L. B., Neal M. B., Newsom J. T., et al. A longitudinal study of the effects of dual-earner couples' utilization of family-friendly workplace supports on work and family outcomes [J]. Journal of Applied Psychology, 2005, 90 (4): 799-810.

[89] Hankin B. L., Abramson L. Y. Development of gender diferences in depression: An elaborated cognitive vulnerability-transactional stress theory [J]. Psychological Bulletin, 2001, 127: 773-796.

[90] Hannigan M. A. Family supportive organization perceptions and the relationship between family-related benefits and organizational attitudes [R]. Chicago: 2004.

[91] Hansen G. C., Hammer L. B., and Colton C. L. Development and validation of a multidimensional scale of perceived work-family positive spillover [J]. Journal of Occupational Health Psychology, 2006, 11 (3): 249-265.

[92] Herriot P., Manning W. E. G., and Kidd J. M. The content of the

psychological contract. Perceived obligations in the employment relationship [J]. British Journal of Management, 1997, 8: 151-163.

[93] Herriot P. and Pemberton C. Contracting careers [J]. Human Relations, 1996, 49: 757-790.

[94] Herriot P. , Manning W. E. G. and Kidd J. M. The content of the psychological contract [J]. British Journal of management, 1997, 8 (2): 151-162.

[95] Higgins C. A. , Duxbury L. E. , and Irving R. H. Work-family conflict in the dual-career family [J]. Organizational Behavior and Human Decision Processes, 1992, 51 (1): 51-75.

[96] Ilies R. , Wilson K. S. , and Wagner D. T. The spillover of daily job satisfaction onto employees' family lives: The facilitating role of work-family integration [J]. Academy of Management Journal, 2009, 52 (1): 87-102.

[97] Iwata M. , Ota K. T. , and Duman, R. S. The inflammasome: pathways linking psychological stress, depression, and systemic illnesses [J]. Brain, Behavior, and Immunity, 2013, 31: 105-114.

[98] Jahn E. W. , Thompson C. A. , and Kopelman R. E. Rationale and construct validity evidence for a measure of perceived organizational family support (POFS): because purported practices may not reflect reality [J]. Community, Work and Family, 2003, 6 (2): 123-140.

[99] James L. R. and Brett J. M. Mediators, Moderators, and tests for mediation [J]. Journal of Applied Psychological, 1984, 69 (2): 307-321.

[100] Johnson J. V. and Hall E. M. Job strain, work place social support, and cardiovascular disease: a cross-sectional study of a random sample of the Swedish working population [J]. American Journal of Public Health, 1988, 78 (10): 1336-1342.

[101] Johnson J. L. and O'Leary-Kelly A. M. The effects of psychological contract breach and organizational cynicism: Not all social exchange violations are created equal. Journal of Organizational Behavior, 2003, 24 (5): 621-641.

[102] Kahn R. L., Wolfe D. M., Quin R., Snoek J. D., and Rosenthal R. A. Organizational stress: Studies in role conflict and ambiguity [M]. New-York: Wiley, 1964.

[103] Kanter R. M. Men and Women of the Corporation [M]. New York: Basic Books, 1977.

[104] Karasek R. A. Job demands, job decision latitude, and mental strain: Implications for job redesign [J]. Administrative Science Quarterly, 1979, 24 (2): 285-308.

[105] Katz D. and Kahn, R. L. Social psychology of organization (2nd ed.) [M]. New York: Wiley, 1978.

[106] Kelly R. and Voydanoff, P. Work/family role strain among employed parents [J]. Family Relations, 1985, 34 (3): 367-374.

[107] Kessler R. C., Andrews G., Colpe L. J., et al. Short screening scales to monitor population prevalences and trends in non-specific psychological distress [J]. Psychological Medicine, 2002, 32 (6): 959-976.

[108] Kessler R. C., Barker P. R., Colpe L. J., et al. Screening for serious mental illness in the general population [J]. Archives of General Psychiatry, 2003, 60 (2): 184-189.

[109] Kickul J., Lester S. W., Finkl J. Promise breaking during radical organizational change: do justice interventions make a difference? [J]. Journal of Organizational Behavior, 2002, 23 (4): 469-488.

[110] Kickul J. Lester S. W. Broken promise: equity sensitivity as a moderator between psychological contract breach and employee attitudes and behavior [J]. Joumal of Business and Psychology, 2001, 16 (2): 191-217.

[111] Kinnunen U., Mauno S., Geurts S., and Dikkers J. Work-family culture in organizations: Theoretical and empirical approaches [M]//Poelmans S. A. Y. Work and family: An international research perspective. Mahwah, NJ, US: Lawrence Erlbaum Associates Publishers, 2005.

[112] Kirchmeyer C. Managing the work - nonwork boundary: An assessment of organizational responses [J]. Human Relations, 1995, 48 (5): 515-536.

[113] Kirchmeyer C. Nonwork Participation and Work Attitudes: A Test of Scarcity vs. Expansion Models of Personal Resources [J]. Human Relations, 1992, 45 (8): 775-795.

[114] Kirschenbaum A. and Weisberg J. Job search, intentions, and turnover: The mismatched trilogy [J]. Journal of Vocational Behavior, 1994, 44 (1): 17-31.

[115] Kossek E. E. and Markel K. A. Resource-based and psychological views of organisational support of work-life integration: competing perspectives and a typology [C]. The 16th Annual meetings of the Society of Industrial and Organisational Psychology, San Diego, 2001.

[116] Kossek E., Colquitt J. A., and Noe R. A. Caregiving decisions, well-being, and performance: The effects of place and provider as a function of dependent type and work-family climates [J]. Academy of Management Journal, 2001, 44 (1): 29-44.

[117] Kotter J. P. The psychological contract: managing the joining-up process [J]. California Management Review, 1973, 15 (3): 91-99.

[118] Kreiner K. Tacit knowledge management: the role of artifacts [J]. Journal of Knowledge Management, 2002, 6 (2): 112-123.

[119] La Pierre L. M., Spector P. E., Allen T. D., et al. Family supportive organizational perceptions, multiple dimensions of work-family conflict, and employee satisfaction: A test of a model across five samples [J]. Journal of Vocational Behavior, 2008, 73 (1): 92-106.

[120] Lambert S. J. Added benefits: The link between work-life benefits and organizational citizenship behavior [J]. Academy of Management Journal, 2000, 43 (5): 801-815.

[121] Lambert L. S., Edwards J. R., and Cable D. M. Breach and fulfillment of the psychological contract: A comparison of traditional and expanded views [J]. Personnel Psychology, 2003, 56 (4): 895-934.

[122] Lambert S. J.. Processes linking work and family: A critical review and research agenda [J]. Human Relations, 1990, 43 (3): 239-257.

[123] Lankau M. J. and Scandura T. A. Mentoring as a learning forum: An examination of mentoring functions, socialization, personal learning, and job attitudes [C]. National Academy of Management Annual Meeting, Boston, MA, 1997.

[124] Lee C., Tinsley C. H., and Chen G. Z. X. Psychological and normative contracts of work group members in the United States and Hong Kong [J]. Psychological Contracts in Employment: Cross-national Perspectives. Thousand Oaks, CA: Sage, 2000: 87-103.

[125] Lerner D., Adler D. A., Chang H., et al. The clinical and occupational correlates of work productivity loss among employed patients with depression [J]. Journal of Occupational and Environmental Medicine, 2004, 46 (65): 46-55.

[126] Levinson H. S., Hyatt M. T. Nitrogenous compounds in germination and postgerminative development of Bacillus megaterium spores [J]. Journal of Bacteriology, 1962, 83 (6): 1224-1230.

[127] Levinson F. I., Price, Munden, Mandl, and Solley. Men, Management, and Mental Health [M]. Cambridge, MA: Harvard University Press, 1962.

[128] Levinson H. Organizational diagnosis [M]. Cambridge, MA: Harvard University Press, 1962.

[129] Lucero M. A. and Allen R. E. Employee benefits: A growing source of psychological contract violations [J]. Human Resource Management, 1994, 33 (3): 425-446.

[130] Macneil I. R. Relational contract: What we do and what we do not know [J]. Wisconsin Law Review, 1985 (10): 483-525.

[131] Marks S. R. Multiple Roles and Role Strain: Some Notes on Human Energy, Time and Commitment [J]. American Sociological Review, 1977, 42 (6): 921-936

[132] Martin G., Staines H., and Pate J. Linking job security and career development in a new psychological contract [J]. Human Resource Management Journal, 1998, 8 (3): 20-40.

[133] Maslach C. Understandidng burnout: Work and family issues [C]//Halpern D. F. and Murphy S. E. From work-family balance to work-family interaction: Changing the metaphor. New Jersey, NY: Lawrence Erlbaum Associates, 2002.

[134] Matthews R. A. and Barnes-Farrell J. L. Development and initial evaluation of an enhanced measure of boundary flexibility for the work and family domains [J]. Journal of Occupational Health Psychology, 2010, 15 (3): 330-346.

[135] Matthews R. A., Bulger C. A., and Barnes-Farrell J. L. Work social supports, role stressors, and work-family conflict: The moderating effect of age [J]. Journal of Vocational Behavior, 2010, 76 (1): 78-90.

[136] Matthews R. A., Del Priore R. E., Acitelli L. K., et al. Work-to-relationship conflict: crossover effects in dual-earner couples [J]. Journal of Occupational Health Psychology, 2006, 11 (3): 228-240.

[137] Matthews R. A., Barnes-Farrell J. L., Bulger C. A. Advancing measurement of work-family boundary characteristics [J]. Journal of Vocational Behavior, 2010, 77: 447-460.

[138] Mauno S., Kinnunen U.. and Pyykko M. Does work-family conflict mediate the relationship between work-family culture and self-reported distress? Evidence from five Finnish organizations [J]. Journal of Occupational and Organizational Psychology, 2005, 78 (4): 509-530.

[139] Mausner-Dorsch H. and Eaton W. W. Psychosocial work environment and depression: epidemiologic assessment of the demand-control model [J]. American Journal of Public Health, 2000, 90 (11): 1765-1770.

[140] Mauthner N., Maclean K., and McKee L. My dad hangs out of helicopter doors and takes pictures of oil platforms': Children's accounts of parental work in the oil and gas industry [J]. Community, Work and Family, 2000, 3 (2): 133-162.

[141] McNall L. A., Nicklin J. M., and Masuda A. D. A meta-analytic review of the consequences associated with work-family enrichment [J]. Journal of Business and Psychology, 2010, 25 (3): 381-396.

[142] Mechanic D. and Cleary P. D. Factors associated with the maintenance of positive health behavior [J]. Preventive Medicine, 1980, 9 (6): 805-814.

[143] Millward L. J. and Hopkins L. J. Psychological contracts, organizational and job commitment [J]. Journal of Applied Social Psychology, 1998, 28 (16): 1530-1556.

[144] Mobley W. H. Intermediate linkages in the relationship between job satisfaction and employee turnover [J]. Journal of Applied Psychology, 1977, 62 (2): 237-247.

[145] Mobley W. H., Homer S. O., and Hollingsworth A. T. An evaluation of precursors of hospital employee turnover [J]. Journal of Applied Psychology, 1978, 63 (4): 408-414.

[146] Morrison E. W. and Robinson S. L. When employees feel betrayed: A model of how psychological contract violation develops [J]. Academy of Management Review, 1997, 22 (1): 226-256.

[147] Nadiri H. and Tanova C. An investigation of the role of justice in turnover intentions, job satisfaction, and organizational citizenship behavior in hospitality industry [J]. International Journal of Hospitality Management, 2010, 29 (1): 33-41.

[148] Netemeyer R. G., Boles J. S., and McMurrian R. Development and validation of work-family conflict and family-work conflict scales [J]. Journal of Applied Psychology, 1996, 81 (4): 400-410.

[149] Newton-McClurg L. Organizational commitment in the temporary-help service industry [C]. Paper presented at the Southern Management Association, New Orleans, LA, November, 1996.

[150] Nippert-Eng C. Calendars and keys: The classification of "home" and "work" [J]. Sociological Forum, 1996, 11 (3): 563-582.

[151] Nippert-Eng C. Home and work [M]. Chicago: University of Chicago Press, 1996.

[152] Olson-Buchanan J. B. and Boswell W. R. Blurring boundaries: Correlates of integration and segmentation between work and nonwork [J]. Journal of Vocational Behavior, 2006, 68: 432-445.

[153] Osterman P. Work/family programs and the employment relationship [J]. Administrative Science Quarterly, 1995, 40 (4): 681-700.

[154] Ostroff C., Kinicki A. J., and Tamkins, M. M. Organizational culture and climate [M]//W. C. Borman, D. R. Ilgen, R. J. Klimoski. Handbook of psychology: Industrial and organizational psychology. John Wiley & Sons Inc., 2003.

[155] Parasurman S. and Greenhaus J. H. Toward reducing some critical gaps in work-family research [J]. Human Resource Management Review, 2002, 12 (3): 299-312.

[156] Parker L. and Allen T. D. Work/family benefits: Variables related to employees' fairness perceptions [J]. Journal of Vocational Behavior, 2001, 58 (3): 453-468.

[157] Parker C. P., Baltes B. B., Young S. A., et al. Relationships between psychological climate perceptions and work outcomes: A meta-analytic review [J]. Journal of Organizational Behavior, 2003, 24 (4): 389-416.

[158] Parker V. and Hall D. T. Conclusions: Expanding the domain of family and work issues [M] //Zedeck S. Work, Families, and Organizations. San Francisco, CA: Jossey-Bass, 1992.

[159] Peeters M., Wattez C., Demerouti E., et al. Work-family culture, work-family transitionnce and well-being at work: Is it possible to distinguish between a positive and a negative process? [J]. Career Development International, 2009, 14 (7): 700-713.

[160] Perry-Jenkins M., Repetti R. L., and Crouter A. C. Work and family in the 1990s [J]. Journal of Marriage and Family, 2000, 62 (4): 981-998.

[161] Porter L. W., Pearce J. L., Tripoli A. M., Lewis K. M. Differential perceptions of employers' inducements: implications for psychological contracts [J]. Journal of Organizational Behavior, 1998, 19: 769-782.

[162] Price J. L. The study of turnover [M]. Ames, IA: Iowa State University Press, 1977.

[163] Raja U., Johns G., and Ntalianis F. The impact of personality on psychological contracts [J]. Academy of Management Journal, 2004, 47 (3): 350-367.

[164] Rau B. L. and Hyland M. M. Role conflict and flexible work arrangements: The effects on applicant attraction [J]. Personnel Psychology, 2002, 55 (1): 111-136.

[165] Ray M. and Miller K. I. Social support, home/work stress, and burnout: Who can help? [J]. Journal of Applied Behavioral Science, 1994, 30 (3): 357-373.

[166] Rhoades L. and Eisenberger R. Perceived organizational support: a review of the literature [J]. Journal of Applied Psychology, 2002, 87 (4): 698-714.

[167] Richert N. D., Aldwin L., Nitecki D., et al. Stability and covalent modification of P-glycoprotein in multidrug-resistant KB cells [J]. Bio-

chemistry, 1988, 27 (20): 7607-7613.

[168] Rizzo J. R., House R. J., Lirtzman S. I. Role conflict and ambiguity in complex organizations [J]. Administrative Science Quarterly, 1970, 15 (2): 150-163.

[169] Robbins J. M., Ford M. T., Tetrick L. E. Perceived unfairness and employee health: a meta-analytic integration [J]. Journal of Applied Psychology, 2012, 97 (2): 235-272.

[170] Robinson S. L. and Morrison E. W. Psychological contracts and OCB: The effect of unfulfilled obligations on civic virtue behavior [J]. Journal of Organizational Behavior, 1995, 16 (3): 289-298.

[171] Robinson S. L. and Morrison, E. W. The development of psychological contract breach and violation: A longitudinal study [J]. Journal of Organizational Behavior, 2000, 21: 526-546.

[172] Robinson S. L., Kraatz M. S., Rousseau D. M. Changing obligations and the psychological contract: A longitudinal study [J]. Academy of Management Journal, 1994, 57 (1): 137-152.

[173] Roehling M. V. The origins and early development of the psychological contract construct [J]. Journal o f Management History, 1997, 3 (2): 204-217.

[174] Rousseau D. M. and Tijoriwala S. A. Assessing psychological contracts: Issues, alternatives and measures [J]. Journal of Organizational Behavior, 1998, 19 (S1): 679-695.

[175] Rousseau D. M. Changing the deal while keeping the people [J]. The Academy of Management Executive, 1996, 10 (1): 50-59.

[176] Rousseau D. M. New hire perceptions of their own and their employer's obligations: A study of psychological contracts [J]. Journal of Organizational Behavior, 1990, 11 (5): 389-400.

[177] Rousseau D. M. Psychological contracts in the United States [J]. Psychological Contracts in Employment: Cross-national Perspectives, 2000: 250-282.

[178] Rousseau D. M. Psychological contracts in organizations: Understanding written and unwritten agreements [M]. Sage, 1995.

[179] Rousseau D. M. Schema, promise and mutuality: the building blocks of the psychological contract [J]. Journal of Occupational and Organizational Psychology, 2001, 74: 511-541.

[180] Rousseau D. M. and Greller M. M. Human resource practices: Administrative contract makers [J]. Human Resource Management, 1994, 33 (3): 385-401.

[181] Rousseau D. M. and Schalk R. Psychological contracts in employment: Cross-national perspectives [M]. London: SAGE PubLications, 2000.

[182] Rousseau D. M. and Tijoriwala S. A. Assessing psychological contracts: Issues, alternatives, and types of measures [J]. Journal of Organizational Behavior, 1998 (19S1): 679-695.

[183] Rousseau D. M. and Tijoriwala S. A. What's a good reason to change? Motivated reasoning and social accounts in organizational change [J]. Journal of Applied Psychology, 1999, 84 (4): 514-528.

[184] Rousseau D. M. and Wade-Benzoni K. A. Linking strategy and human resource practices: How employee and customer contracts are created [J]. Human Resource Management, 1994, 33: 463-489.

[185] Rousseau D. M. Psychological and implied contracts in organizations [J]. Employee Responsibilities and Rights Journal, 1989, 2 (2): 121-139.

[186] Rousseau D. M. Psychological contracts in organizations: Understanding written and unwritten agreements [M]. London: SAGE Publications, 1995.

[187] Rousseau D. M. Psychological contracts in the United States: Associability, Individualism and Diversity [M]//Rousseau D. M. and Schalk R. Psychological contracts in employment: Cross-national perspectives. London: SAGE Publications, 2000.

[188] Salancik G. R. and Pfeffer J. A social information processing approach

to job attitudes and task design [J]. Administrative Science quarterly, 1978, 23 (2): 224-253.

[189] Sanguanklin N., McFarlin B. L., Finnegan L., et al. Job strain and psychological distress among employed pregnant Thai women: role of social support and coping strategies [J]. Archives of Women's Mental Health, 2014, 17 (4): 317-326.

[190] Sanne I., Mommeja-Marin H., Hinkle J., et al. Severe hepatotoxicity associated with nevirapine use in HIV-infected subjects [J]. Journal of Infectious Diseases, 2005, 191 (6): 825-829.

[191] Sanne B., Mykletun A., Dahl A. A., et al. Testing the Job Demand-Control-Support model with anxiety and depression as outcomes: The Hordaland Health Study [J]. Occupational Medicine, 2005, 55 (6): 463-473.

[192] Schaufeli W. B., Bakker A. B., and Rhenen W. V. How changes in job demands and resources predict burnout, work engagement, and sickness absenteeism [J]. Journal of Organizational Behavior, 2009, 30 (7): 893-917.

[193] Schein E. H. Organizational culture [J]. American Psychologist, 1990, 45 (2): 109-119.

[194] Schein E. H. Organizational culture and leadership [M]. San Francisco: Jossey-Bass, 1992.

[195] Schein E. H. Organional psychology (3rd ed) [M]. New Jersey: Prentice-Hall, 1980.

[196] Shapiro J. C. and Kessler L. Consequences of the psychological contract for the employment relationship: A Large scale survey [J]. Journal of Management Studies, 2000, 37 (7): 903-930.

[197] Shockley K. M. and Singla N. Reconsidering work-Family interactions and satisfaction: A meta-analysis [J]. Journal of Management, 2011, 37 (3): 861-886.

[198] Shore L. M. and Tetrick L. E. The psychological contract as an ex-

planatory framework in the employment relationship [C]. Nwe Jersey. John Wiley and Sons Ltd, 1994.

[199] Shore L. M. and Barksdale, K. Examine degree of balance and level of obligation in the employment relationship: A social exchang approach [J]. Journal of Organizatinal Behavior, 1998, 19: 731-744.

[200] Siber S. D. Toward a theory of role accumulation [J]. American Sociological Review, 1974, 39 (4): 567-578.

[201] Small S. A. and Riley D. Toward a multidimensional assessment of work spillover into family life [J]. Journal of Marriage and Family, 1990, 52 (1): 51-61.

[202] Snyder C. R. and Lopez S. J. Handbook of positive psychology [M]. New York: Oxford University Press, 2002.

[203] Staines G. and Oconnor P. Conflicts among work, leisure, and family roles [J]. Monthly Labor Review, 1980, 103 (8): 35-39.

[204] Staines L. G. Spillover versus compensation: A review of the literature on the relationship between work and nonwork [J]. Human Relations, 1980, 33 (2): 111-129.

[205] Stansfeld S. A., Fuhrer R., Shipley M. J., et al. Work characteristics predict psychiatric disorder: prospective results from the Whitehall II Study [J]. Occupational and Environmental Medicine, 1999, 56 (5): 302-307.

[206] Steenbergen E. F., Ellemers N., Haslam S. A., et al. There is nothing either good or bad but thinking makes it so: Informational support and cognitive appraisal of the work-family interface [J]. Journal of Occupational and Organizational Psychology, 2008, 81 (3): 347-367.

[207] Taylor B., DelCampo R. G. and Blancero D. M. The relationship between work - family conflict/facilitation and psychological contract fairness among hispanic business professionals [J]. Journal of Organizational Behavior, 2009, 30 (5): 643-664.

[208] Thomas L. T. and Ganster D. C. Impact of family-supportive work variables on work-family conflict and strain: A control perspective [J]. Journal of Applied Psychology, 1995, 80 (1): 6-15.

[209] Thompson C. A. K. and Prottas D. J. Relationships among organizational family support, job autonomy, perceived control, and employee well-being [J]. Journal of Occupational Health Psychology, 2006, 11 (1): 100-118.

[210] Thompson C. A., Beauvais L. L. and Lyness K. S. When work-family benefits are not enough: The influence of work-family culture on benefit utilization, organizational attachment, and work-family conflict [J]. Journal of Vocational Behavior, 1999, 54: 392-415.

[211] Trulock E. P., Edwards L. B., Taylor D. O., et al. The registry of the international society for heart and lung transplantation: twentieth official adult lung and heart-lung transplant report—2003 [J]. The Journal of Heart and Lung Transplantation, 2003, 22 (6): 625-635.

[212] Turnley W. H. and Feldman D. C. The impact of psychological contract violations on exit, voice, loyalty, and neglect [J]. Human Relations, 1999, 52 (1): 895-922.

[213] Turnley W. H., Bolino M. C., Lester S. W., et al. The impact of psychological contract fulfillment on the performance of in-role and organizational citizenship behaviors [J]. Journal of Management, 2003, 29 (2): 187-206.

[214] Turnley W. H. and Feldman D. C. A discrepancy model of psychological contract violations [J]. Human Resource Management Review, 1999, 9 (3): 367-386.

[215] Turnley W. H. and Feldman D. C. Reexamining the effects of psychological contract violations: unmet expectations and job dissatisfaction as mediators [J]. Journal of Organizational Behavior, 2000, 21 (1): 25-42.

[216] Turnley W. H. and Feldman D. C. The impact of psychological contract violations on exit, voice, loyalty, and neglect [J]. Human Rrelations,

1999, 52 (7): 895-922.

[217] Van Steenbergen E. F., Ellemers N., and Mooijaart A. How work and family can facilitate each other: Distinct types of work-family facilitation and outcomes for women and men [J]. Journal of Occupational Health Psychology, 2007, 12: 279-300.

[218] Vander D. M. and Maes S. The job demand-control (-support) model and psychological well-being: a review of 20 years of empirical research [J]. Work & Stress, 1999, 13 (2): 87-114.

[219] Voydanoff P. Incorporating community into work and family research: A review of basic relationships [J]. Human Relations, 2001, 54 (12): 1609-1637.

[220] Voydanoff P. Work role characteristics, family structure demands, and work/family conflict [J]. Journal of Marriage and Family, 1988, 50 (3): 749-761.

[221] Voydanoff P. Linkages between the work-family interface and work, family, and individual outcomes [J]. Journal of Family Issues, 2002, 23: 138-164.

[222] Warren J. A. and Johnson P. J. The impact of workplace support on work-family role strain [J]. Family Relations, 1995, 44 (2): 163-169.

[223] Wayne J. H., Musisca N., and Fleeson W. Considering the role of personality in the work-family experience: Relationships of the big five to work-family conflict and facilitation [J]. Journal of Vocational Behavior, 2004, 64 (1): 108-130.

[224] Wayne J. H., Grzywacz J. G., Carlson D. S., Kacmar K. M. Work-family facilitation: A theoretical explanation and model of primary antecedents and consequences [J]. Human Resource Management Review, 2007, 17 (1): 63-76.

[225] Wayne J. H., Randel A. E., Stevens J. The role of identity and work-family support in work-family enrichment and its work-related consequences [J]. Journal of Vocational Behavior, 2006, 69 (3): 445-461.

[226] Weinberg A. and Creed, F. Stress and psychiatric disorder in healthcare professionals and hospital staff [J]. the Lancet, 2000, 355 (9203): 533-537.

[227] Wiley D. L. The relationship between work/nonwork role conflict and job-related outcomes: Some unanticipated findings [J]. Journal of Management, 1987, 13 (3): 467-472.

[228] Williams L. J. and Anderson, S. E. Job satisfaction and organizational commitment as predictiors of organizational citizenship and in-role behaviors [J]. Journal of Management, 1991, 17: 601-617.

[229] Withey M. J. and Cooper W. H. Predicting exit, voice, loyalty, and neglect [J]. Administrative Science Quarterly, 1989, 34 (4): 521-539.

[230] Zedeck S. Introduction: Exploring the domain of work and family concerns [M]//Zedeck S. Work, families and organizations. San Francisco: Jossey-Bass, 1992.

[231] Zhang J. and Liu Y. Antecedents of work-family conflict: Review and prospect. International [J]. Journal of Business and Management, 2011, 6 (1): 89-103.

[232] Zhao H. A. O., Wayne S. J., Glibkowski B. C., et al. The impact of psychological contract breach on work-related outcomes: a meta-analysis [J]. Personnel Psychology, 2007, 60 (3): 647-680.

[233] Zhao Y. and Truhlar D. G. A new local density functional for maingroup thermochemistry, transition metal bonding, thermochemical kinetics, and noncovalent interactions [J]. The Journal of Chemical Physics, 2008, 125 (19): 157-167.

[234] Zhao H., Wayne S. J., Glibkowsk B. C., et al. The impact of psychological contract impact of psychological contract breach on work-related outcomes: a meta-analysis [J]. Personnel Psychology, 2007, 60: 647-680.

[235] Zung W. W. K., Richards C. B., and Short M. J. Self-rating de-

pression scale in an outpatient clinic: further validation of the SDS [J]. Archives of General Psychiatry, 1965, 13 (6): 508-515.

[236] 蔡茂. 工作—家庭增益与工作倦怠、生命质量的关系 [D]. 开封：河南大学, 2011.

[237] 曹威麟, 朱仁发, 郭江平. 心理契约的概念、主体及构建机制研究 [J]. 经济社会体制比较, 2007 (2): 132-137.

[238] 陈加洲, 方俐洛, 凌文辁. 心理契约的测量与评定 [J]. 心理学动态, 2001, 9 (3): 253-257.

[239] 陈加洲, 凌文辁, 方俐洛. 组织中的心理契约 [J]. 管理科学学报, 2001, 4 (2): 74-78.

[240] 陈学军, 章倩, 陈刚. 心理契约违背对组织公民行为的影响：上级支持的中介作用 [J]. 人类工效学, 2011, 17 (2): 19-23.

[241] 陈铭薰, 方妙玲. 心理契约违犯对员工工作行为之影响之研究——以高科技产业为例 [J]. 辅仁管理评论, 2004, 11 (2): 1-32.

[242] 符益群, 凌文辁, 方俐洛. 企业职工离职倾向的影响因素 [J]. 中国劳动, 2002 (7): 23-25.

[243] 侯杰泰, 温忠麟, 成子娟. 结构方程模型及其应用 [M]. 北京：教育科学出版社, 2004.

[244] 蒋奖, 张西超, 许燕. 银行职员的工作倦怠与身心健康、工作满意度的探讨 [J]. 中国心理卫生杂志, 2004, 18 (3): 197-199.

[245] 金盛华, 郑建君, 辛志勇. 当代中国人价值观的结构与特点 [J]. 心理学报, 2009, 41 (10): 1000-1014.

[246] 李茂能. 图解 AMOS 在学术研究中的应用 [M]. 重庆：重庆大学出版社, 2007.

[247] 李原, 郭德俊. 组织中的心理契约 [J]. 心理科学进展, 2002, 10 (1): 83-90.

[248] 李原, 郭德俊. 组织中心理契约的研究进展 [J]. 心理学动态, 2002 (2): 54-59.

[249] 李原, 孙健敏. 雇用关系中的心理契约：从组织与员工双重视角下考察契约中"组织责任"的认知差异［J］. 管理世界, 2006（11）: 101-110.

[250] 林崇德, 杨治良, 黄希庭. 心理学大辞典［M］. 上海: 上海教育出版社, 2003.

[251] 刘巧. 运用心理剧技术对大学生抑郁症状的干预研究［D］. 南京: 南京大学, 2013.

[252] 刘永强. 工作—家庭冲突及其平衡策略研究综述［J］. 外国经济与管理, 2006, 28（10）: 51-57, 64.

[253] 栾敏娜. 家庭友好计划和工作—家庭文化的作用：基于工作—家庭促进的研究［D］. 杭州: 浙江大学, 2008.

[254] 骆宏, 许百华. 抑郁障碍预防与职业压力管理［J］. 上海精神医学, 2005, 17（5）: 307-308.

[255] 陶沙. 乐观、悲观倾向与抑郁的关系及压力、性别的调节作用［J］. 心理学报, 2006, 38（6）: 886-901.

[256] 王筱璐, 王桢, 时勘. 工作场所中员工抑郁症状的发生机制及干预模式［J］. 管理评论, 2009, 21（1）: 39-46.

[257] 魏峰, 李燚, 任胜钢. 组织行为对管理者感知心理契约违背的影响［J］. 南开管理评论, 2007, 9（6）: 20-25.

[258] 魏峰, 李燚, 张文贤. 国内外心理契约研究的新进展［J］. 管理科学学报, 2006, 8（5）: 82-89.

[259] 温忠麟, 侯杰泰, 马什赫伯特. 结构方程模型检验：拟合指数与卡方准则［J］. 心理学报, 2004, 36（2）: 186-194.

[260] 杨杰, 凌文辁, 方俐洛. 心理契约破裂与违背刍议［J］. 暨南学报（哲学社会科学版）, 2003, 25（2）: 58-64.

[261] 于珊, 陈晓红. 员工心理契约及其违背后工作态度的中美跨文化比较［J］. 系统工程, 2008, 26（2）: 53-61.

[262] 郁朝阳. 组织信任对组织公民行为、离职倾向的影响及其与心

理契约违背的关系[D]. 杭州：浙江大学，2007.

[263] 袁冬梅. 基于社会交换理论的全视角员工关系研究[D]. 湘潭：湘潭大学，2009.

[264] 袁勇志，何会涛. 组织内社会交换关系对心理契约违背影响的实证研究[J]. 中国软科学，2010（2）：122-131.

[265] 张伶，陈艳，聂婷. 工作—家庭促进对心理授权与工作抑郁内在关系的中介效应检验[J]. 华南师范大学学报（社会科学版），2013，1：64-69.

[266] 张勉，李树茁. 雇员主动离职心理动因模型评述[J]. 心理科学进展，2002，10（3）：330-341.

[267] 张玮，杨永康. 心理契约构建中的效率研究[J]. 统计与决策，2008（21）：174-177.

[268] 张媛媛. 工作特征对工作生活满意度的影响：工作—家庭增益的中介作用[D]. 上海：华东理工大学，2012.

[269] 赵西萍，刘玲，张长征. 员工离职倾向影响因素的多变量分析[J]. 中国软科学，2003（3）：71-74.

[270] 周路路，赵曙明，战冬梅. 工作—家庭增益研究综述[J]. 外国经济管理，2009，31（7）：51-58.

[271] 朱农飞，周路路. 工作—家庭文化、组织承诺与离职倾向的关系研究[J]. 南京社会科学，2010（6）：44-50.

[272] 朱晓妹，王重鸣. 中国背景下知识型员工的心理契约结构研究[J]. 科学学研究，2005，23（1）：118-122.

附　录　调查问卷

尊敬的先生/女士：

您好！非常感谢您能在百忙之中抽出时间认真填写本问卷。

本问卷纯属学术研究，旨在调查工作—家庭关系对员工的态度和情绪的影响，不涉及任何商业机密。本问卷调查完全采用匿名方式进行，我们对您所填写的所有信息都严格保密，最终研究报告和研究结果不出现贵企业的名称和填写人的姓名，更不对外公开您所填写的具体内容和细节。本问卷回答无对错之分，请您根据实际情况放心填写。请逐题回答每一个题目，不要有遗漏，确保问卷回答完整，以免成为无效问卷。

最后，对您的大力支持，献上最诚挚的谢意，谢谢您！

第一部分　对于下列观点，请根据您内心真实的看法选择最适合的选项，并做出标记。

	非常不同意	不同意	一般	同意	非常同意
1. 我能够在单位与同事分享家庭关心的事情	1	2	3	4	5
2. 我能够在单位讨论家庭中存在的问题	1	2	3	4	5
3. 我能够在讨论中得到处理家庭问题的建议	1	2	3	4	5

	非常不同意	不同意	一般	同意	非常同意
1. 我在工作中做的事情可以帮助我处理家庭方面的事务	1	2	3	4	5
2. 我在工作中做的事情使我和家人在一起时成为一个更幽默有趣的人	1	2	3	4	5
3. 我在工作中获得的技能对我处理家庭相关的事务也有所帮助	1	2	3	4	5
4. 愉快的工作后，让我能够更好地陪伴家人	1	2	3	4	5

	基本没有	偶尔	一般	经常	几乎一直有
1. 我在家时会接到同事或上级的电话	1	2	3	4	5
2. 为尽到工作职责而周末去公司加班	1	2	3	4	5
3. 停下家庭中的事情而被叫去工作	1	2	3	4	5
4. 为了尽到工作相关的职责而改变原来的家庭计划	1	2	3	4	5
5. 在家里回复工作相关的邮件	1	2	3	4	5

	非常不同意	不同意	一般	同意	非常同意
1. 我感觉组织违背了我们之间的契约	1	2	3	4	5
2. 我感到组织背叛了我	1	2	3	4	5
3. 我对组织感到非常气愤	1	2	3	4	5
4. 组织如此对待我，我感到十分失望	1	2	3	4	5

附　录　调查问卷

	基本没有	偶尔	一般	经常	几乎一直有
在过去的 30 天里，你是否常常感觉……					
1. 紧张	1	2	3	4	5
2. 无望	1	2	3	4	5
3. 焦躁	1	2	3	4	5
4. 非常低沉，没有什么能使我振奋	1	2	3	4	5
5. 任何事情都没有意义	1	2	3	4	5
6. 一切事情都没有价值	1	2	3	4	5

	非常不同意	不同意	一般	同意	非常同意
1. 我计划一年内离开当前组织	1	2	3	4	5
2. 我在主动地寻找其他工作	1	2	3	4	5
3. 我想继续留在当前组织	1	2	3	4	5

第二部分　基本信息

1. 性别	___男　　___女
2. 年龄	___岁
3. 婚姻状况	___单身　　___结婚　　___离婚或者丧偶
4. 生活状态	___我独居　　___我与配偶住在一起 ___我的配偶在外地工作　　___我与孩子住在一起　　___我与父母/配偶父母生活在一起
5. 是否有子女，如果有，子女个数	___无　　　___有___个
6. 单位性质	___国有企业　　___民营企业　　___外资企业（含中外合资）
7. 平均每周的工作时间	___小时

再次感谢您牺牲宝贵的时间填写问卷！

祝您健康快乐，万事如意！